韩式剪发
与设计训练

（韩）金善熙　金东莹　著
王元浩　焦广心　译

辽宁科学技术出版社
沈 阳

©2015，简体中文版权归辽宁科学技术出版社所有。
本书由Hunminsa授权辽宁科学技术出版社在中国出版中文简体字版本。著作权合同登记号：
06-2014第199号。

图书在版编目（CIP）数据

韩式剪发与设计训练／（韩）金善熙，（韩）金东莹著；王
元浩，焦广心译．—沈阳：辽宁科学技术出版社，2015.6
ISBN 978-7-5381-9195-0

Ⅰ.①韩…　Ⅱ.①金…②金…③王…④焦…　Ⅲ.①理发—
造型设计　Ⅳ.①TS974.21

中国版本图书馆CIP数据核字（2015）第071419号

出版发行：辽宁科学技术出版社
　　　　　（地址：沈阳市和平区十一纬路29号　邮编：110003）
印 刷 者：辽宁一诺广告印务有限公司
经 销 者：各地新华书店
幅面尺寸：190mm×255mm
印　　张：9.75
字　　数：50千字
印　　数：1～3000
出版时间：2015年6月第1版
印刷时间：2015年6月第1次印刷
责任编辑：李丽梅
封面设计：吴　航
版式设计：袁　姝
责任校对：李　霞

书　　号：ISBN 978-7-5381-9195-0
定　　价：65.00元

投稿热线：024-23284063　QQ：542209824（添加时，请注明"读者"、"美发"等字样）　联系人：李丽梅
邮购热线：024-23284502　联系人：何桂芬
http：//www.lnkj.com.cn
QQ群：55406803

前 言

热爱美发的朋友们，你们好！

美发技术是以剪发为基础来打造美丽发型，同时，还包括烫发、染发、吹干、卷发以及盘编等系列过程。而打造完美形象中，最重要的因素之一就是头发的修剪，即剪发。

"Cut"的词典释义为"剪断"。可以简单地理解为为打造适合每个人的发型，将头发留到适合的长度进行修剪的过程，而"修剪"技术则是需要经历长期且艰难的过程才能习得。

就像令人愉快的游戏中有游戏规则一样，剪发也有简单而有趣的规则。事实上在学习美发技术时，人们往往会忽略基本步骤，而看美发教材学习剪发技术对于很多初学者来说，就像去理解数学公式一样难。

本教材很好地解决了这些问题，为了让所有人都可以简单地理解、学习美发技术，本教材详细记录了剪发过程和塑造发型的操作步骤，就像历经岁月也别无他求的母爱一样，笔者始终脚踏实地、不忘初心地努力着。

在此，向为本书竭心尽力的水原科学大学的校长和院长，以及GHC中心所有同仁致以深深的谢意，还要向艺术系（Beauty co-ordination）的教授们和各位学生表达我真挚的谢意。

作者题

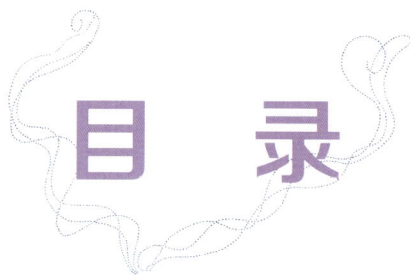

目　录

第 1 部分　　　剪发的构成要素

1. 剪发的概念 ——010

2. 剪发必备工具 ——011

　1）剪刀（Scissors）——011

　2）打薄剪（Thinning scissors）——012

　3）剪发梳（Cut comb）——012·

　4）削刀（Razor）——013

　5）喷雾器及发夹（Water spray & Clip）——014

　6）电动理发器（Clipper）——014

3. 分区（Blocking）——015

　1）分区的目的 ——015

　2）头部基准线与分区 ——016

4. 头部的基准点 ——020

5. 剪发的基本姿势 ——022

　1）剪发的基本姿势及基本动作 ——022

　2）拿剪刀的方法 ——026

　3）剪刀的开闭 ——027

　4）拿剪发梳的方法 ——029

6. 设计形态和剪发角度的种类 ——031

　1）零层次—直线型（齐剪型）——031

　2）低层次 ——032

　3）高层次 ——033

　4）组合型（Combination）——035

5）分区、分配、修剪角度 ——037

6）手指的位置与设计线（修剪线）——044

7. 基准的种类 ——047

1）垂直拉发片（On the base）——047

2）侧垂直拉发片（Side base）——047

3）偏移拉发片（Off the base）——048

4）自由垂直拉发片（Free base）——049

5）扭转拉发片（Twist base）——049

8. 调控量感和质感的主要技术 ——050

1）齐剪（平剪，Blunt cut）——050

2）打薄削剪（Thinning）——050

3）削尖剪（Tapering）——051

4）敲剪（飞剪，Stroke cut）——052

5）滑剪（Slide cut）——053

6）挑剪（Slicing）——053

7）刻痕剪（Notching）——053

8）梳剪（Shingling）——054

第 2 部分　基本剪发

1. 零层次—直线型（One length）——056

水平（一直线型，Horizontal）——056

水平 – 变形（Horizontal–Transform）——059

向前斜下（Spaniel）——060

向前斜下 – 变形（Spaniel–Transform）——065

向前斜上（Isadora）——066

向前斜上 – 变形（Isadora–Transform）——069

2. 低层次（Graduation）——070

大低层次（Heavey graduation）——070

　　大低层次－变形（Heavey graduation–Transform）——073

低层次（Low graduation）——074

　　低层次－变形（Low graduation–Transform）——081

小低层次（High graduation）——082

　　小低层次－变形（High graduation–Transform）——087

3. 高层次（Layer）——088

　均等层次（Uniform layer）——088

　　均等层次－变形（Uniform layer–Transform）——093

　小高层次（Low layer）——094

　　小高层次－变形（Low layer–Transform）——097

　大高层次（High layer）——098

　　大高层次－变形（High layer–Transform）——103

第 3 部分　　　　　　　　　　　　组合剪发

1. 连接小高层次（Connection low layer）——106

　　连接小高层次－变形（Connection low layer–Transform）——109

2. 连接大高层次（Connection high layer）——110

　　连接大高层次－变形（Connection high layer–Transform）——113

3. 不连接大高层次＿固定型（Disconnection high layer_Fix）——114

　　不连接小高层次＿固定型－变形（Disconnection low layer_Fix–Transform）——117

4. 不连接小高层次＿移动型（Disconnection low layer_Movement）——118

　　不连接小高层次＿移动型－变形（Disconnection low layer_Movement–Transform）——121

5. 不连接大高层次＿固定型（Disconnection high layer_Fix）——122

不连接大高层次 _ 固定型 – 变形（Disconnection high layer_Fix-Transform）——125

6. 不连接大高层次 _ 移动型（Disconnection high layer_Movement）——126

不连接大高层次 _ 移动型 – 变形（Disconnection high layer_Movement-Transform）——129

7. 低层次上与高层次连接 _ 垂直分区 + 偏移分配（Connection layer on graduation _Vertical section+Off the base）——130

低层次上与高层次连接 – 变形（Connection layer on graduation-Transform）——133

8. 低层次上与高层次连接 _ 垂直部分 + 偏移分配（Connection layer on graduation _Vertical section+Off the base）——134

低层次上与高层次连接 – 变形（Connection layer on graduation-Transform）——137

9. 高层次上与低层次不连接 _ 向前（Disconnection graduation on layer_Forward）——138

高层次上与低层次不连接 _ 向前 – 变形（Disconnection graduation on layer_Forward-Transform）——141

10. 高层次上与低层次不连接 _ 逆转（Disconnection graduation on layer_Reverse）——142

高层次上与低层次不连接 _ 逆转 – 变形（Disconnection graduation on layer_Reverse-Transform）——145

附录　剪发术语说明

头部的线与点 ——148

修剪名称 ——149

发型设计术语 ——151

分区 ——153

参考文献 ——155

第1部分

剪发的构成要素

1. 剪发的概念

2. 剪发必备工具

3. 分区（Blocking）

4. 头部的基准点

5. 剪发的基本姿势

6. 设计形态和剪发角度的种类

7. 基准的种类

8. 调控量感和质感的主要技术

HAIR CUT DESIGN DRILL

1. 剪发的概念

　　剪发是塑造发型的基础技术。良好的剪发技术可以使永久性烫发或者定型完成的发型更突出地显现出来。剪发又称作"塑造发型"，即含有"塑造头发样式"的意思。

　　剪发是通过将头发的长度剪短或者打薄，来表现头发的流动感、动感、重量感、质感等，从而塑造完美的发型。包括决定头发的长度、调整头发的数量、塑造发型等意思。总之，用一句话概括剪发的定义为：选定最理想的头发长度，利用头发的长度、质感、量感、方向等要素塑造"头发的样式"。

　　剪发的方法有湿剪和干剪两种。湿剪是指头发在膨润的状态下，剪刀、削刀的刀刃亲和性更好，从而可以更加准确地剪发。干剪是在毛发基本干燥的状态下，为完成发型塑造而进行的剪发，是质感处理中使用较多的技法。值得注意的是，要准确把握干燥毛发的蓬起状态、毛发的走向、个人的梳发习惯等进行剪发。

　　使用剪刀对头发进行修剪是一种在用吹风机吹干头发后，通过修整发线、调整量感、调整发型等手段提高发型完成度的技法。

2. 剪发必备工具

剪发工具可以说是发型设计师的必需品，我们主要来了解剪发操作时比较重要的工具：剪刀、打薄剪、剪发梳子、削刀、喷雾器及发夹、电动理发器。

1）剪刀（Scissors）

剪刀根据长度的不同分为 4 英寸到 7 英寸等不同的种类。虽然 4～4.5 英寸的剪刀可以剪更加精细的发线，但是 5.5～6 英寸的剪刀具有缩短剪发时间的优点。选择剪刀的标准是合不合自己的手，与用途是否相符合等。总之，应该挑选在发型师手里挥洒自如、使用舒适方便的剪刀。

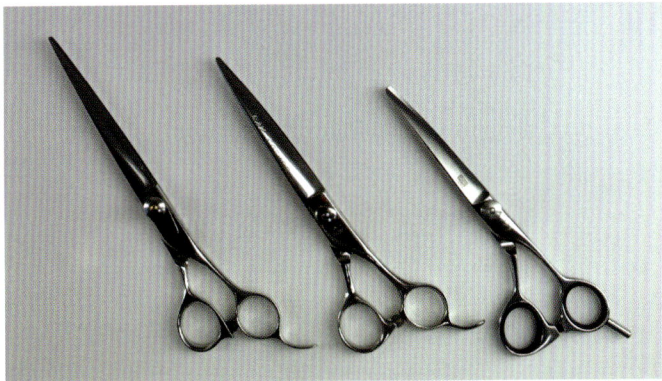

▲ 剪刀（Scissors）

注：1 英寸 =2.54 厘米

2）打薄剪（Thinning scissors）

作为调节发量的工具，打薄剪有多种类型。使用哪种打薄剪要根据头发数量的多少、打薄量的多少而定。

一般情况下，使用普通的剪刀对头发进行整体的修剪，而使用打薄剪调节发量，塑造发型。但是当打薄的发量多到连发线都看不到时则要慎用。近年来，随着多种多样的剪发技术的发展，使用这种剪刀的频率在大大减少。

总之，打薄剪的作用是调整毛发的数量，赋予毛发空间感，从而塑造发型。

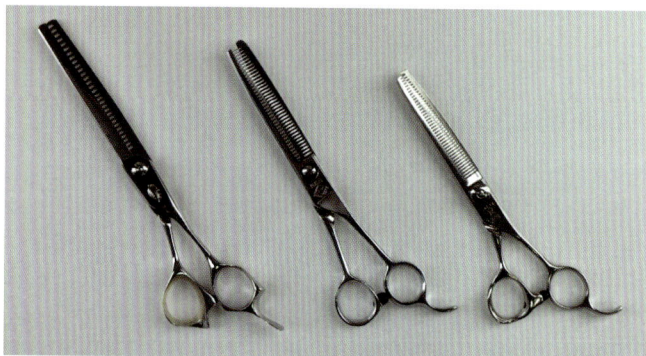

▲ 打薄剪（Thinning scissors）

3）剪发梳（Cut comb）

梳子齿分为密齿部分和粗齿部分，一般用粗齿的部分梳理头发，根据实际情况，烫大卷儿时用粗齿梳梳理更好。

▲ 剪发梳（Cut comb）

4）削刀（Razor）

削刀和剪刀是必不可少的剪发工具。20 世纪 80 年代中期以后，随着自然质感的发型成为主流，它们就成了必不可少的工具。同时，使用剪刀和削刀比较容易塑造发型，也常用于打薄头发偏多偏厚的部分。

作为剪发工具，削刀的刀片要略倾斜使用。但削刀并不适合修剪直线以及僵硬的线条，而是在表现自然、柔软质感的线条时使用。

日常用削刀（Ordinary razor）

比较容易在较快的时间内完成细致的剪发，因此非常适合熟练者使用。但是有可能造成过度削剪，所以要特别注意。

塑型削刀（Shaping razor）

因为有一个安全盖，剪发的量少，加上剪发操作安全，因此适用于初学者使用，这是它的一个优点。

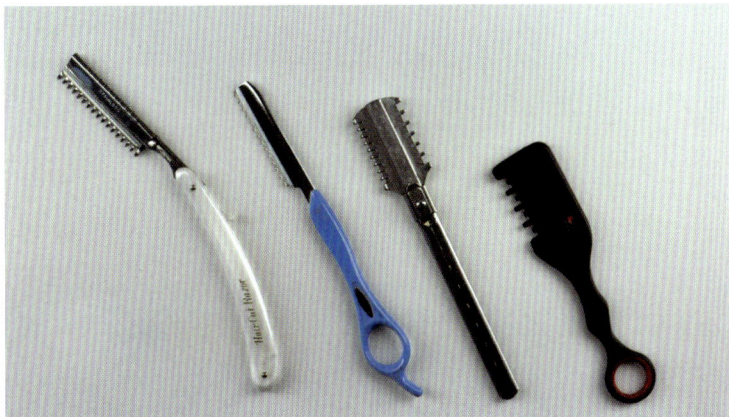

▲ 削刀（Razor）

5）喷雾器及发夹（Water spray & Clip）

喷雾器是用水把头发润湿，帮助头发分区。它是避免外皮损伤和进行更加精细剪发所必需的工具。另外，发夹可以用来将头发分区固定，使剪发更加方便。

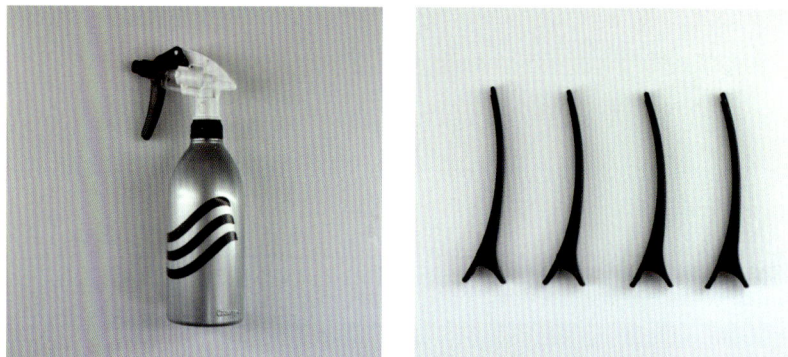

▲ 喷雾器及发夹（Water spray & Clip）

6）电动理发器（Clipper）

主要用于剪短发或男性剪发，由法国机械公司 Bariquand et Mare 的创始人 Barican 发明，经由日本传到韩国。起初是手动理发器，到现在发展为电动理发器，也被称为电推子、电推剪或者修边机。

电动理发器的剪发原理是，电动机推动旋转叶片来修剪头发。理发器中安装有可以调节修剪长度的调节盖，使用起来非常安全便利。

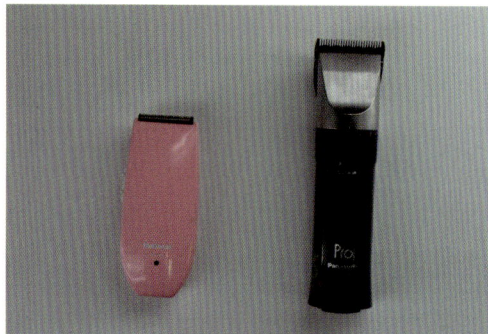

▲ 电动理发器（Clipper）

3. 分区（Blocking）

1）分区的目的

    分区是为了使剪发变得更加快速和准确，同时使头部变得更加细化，从而容易修剪。

    分区方法要根据修剪样式或技法的不同而不同。

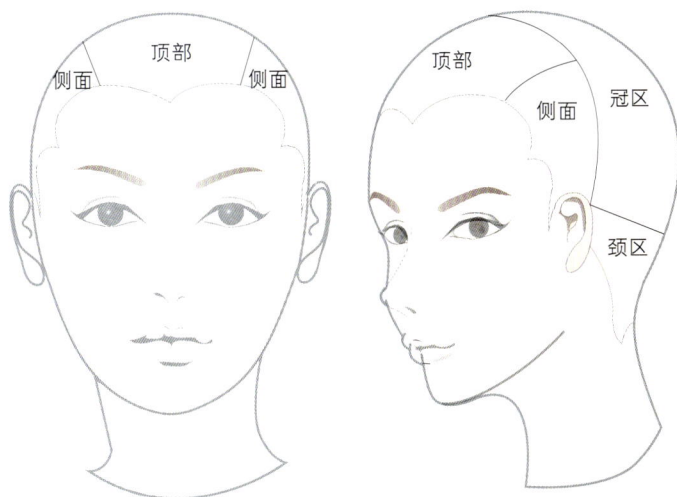

▲ 分区（Blocking）

2）头部基准线与分区

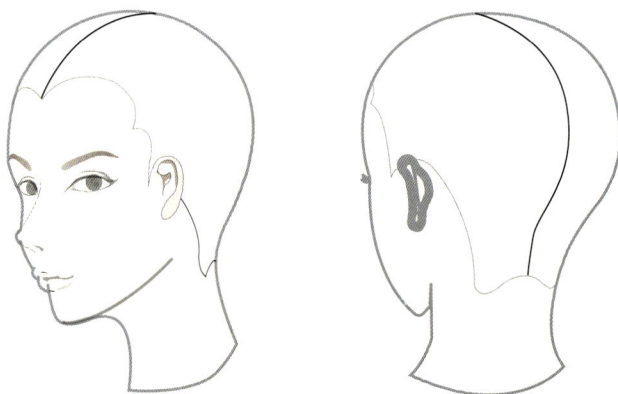

▲ 中心部分（二等分）

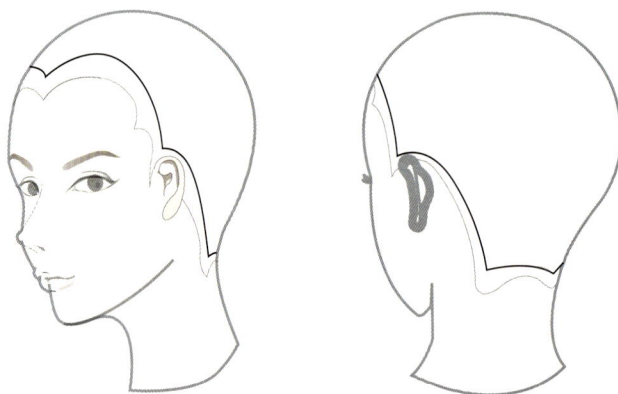

▲ 发际线部分

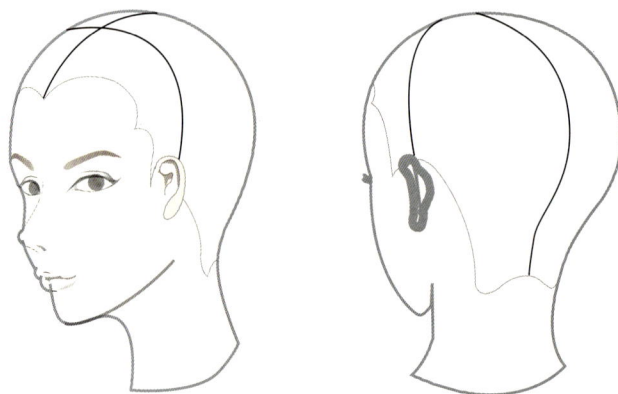

▲ 四等分

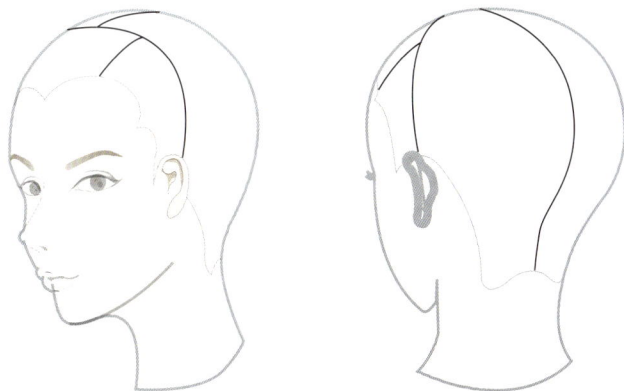

▲ 五等分

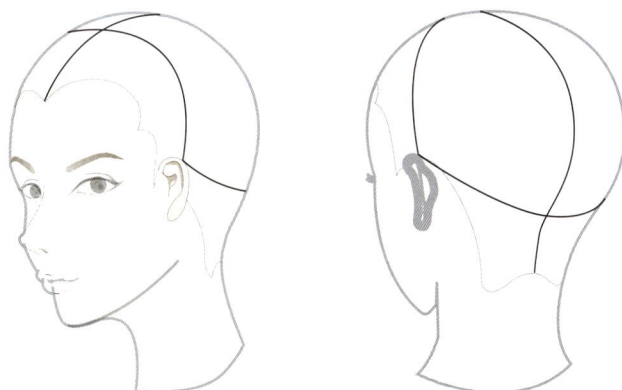

▲ 六等分

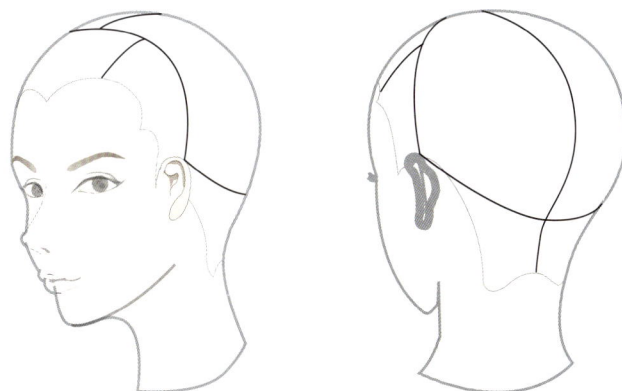

▲ 七等分

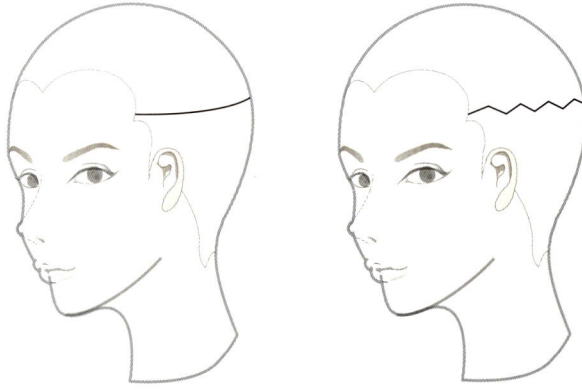

▲ 冠线（二等分）

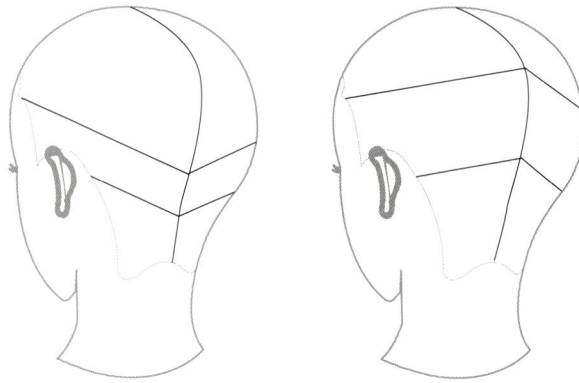

▲ 凹形分区，凸形分区（三等分）

前额区

顶区

侧区

圆弧区

颈区

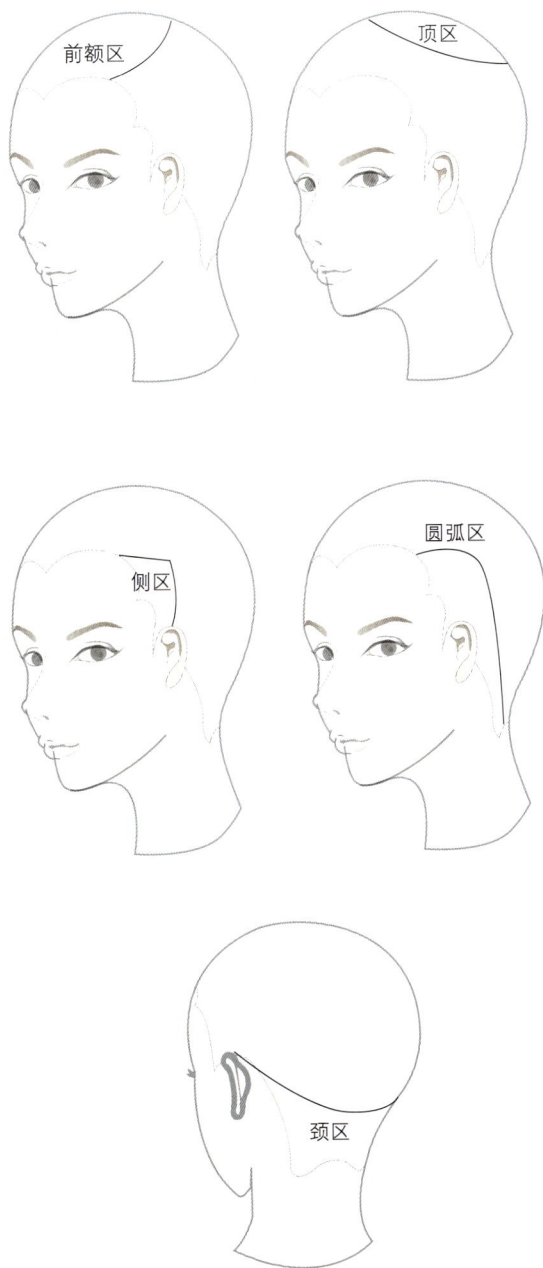

▲ 头部五等分名称（前额区、顶区、侧区、圆弧区、颈区）

4. 头部的基准点

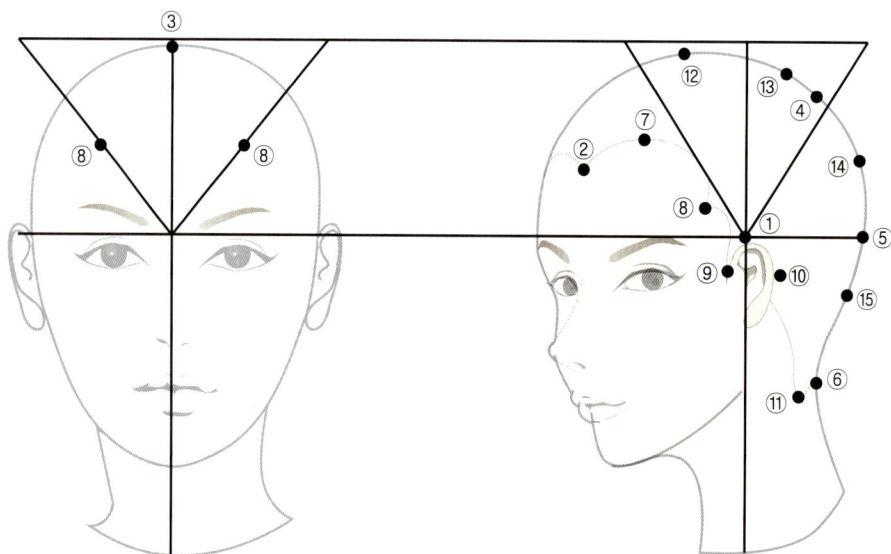

▲ 头部的基准点（Head point）

序号	符号	名称
①	E.P.	耳点（Ear point）
②	C.P.	中心点（Center point）
③	T.P.	顶点（Top point）
④	G.P.	黄金点（Golden point）
⑤	B.P.	后脑点（Back point）
⑥	N.P.	颈点（Nape point）
⑦	F.S.P.	前侧点（Front side point）
⑧	S.P.	额侧点（Side point）
⑨	S.C.P.	侧角点（鬓角点）（Side corner point）
⑩	E.B.P.	耳后点（Ear back point）
⑪	N.S.P.	颈侧点（Nape side point）

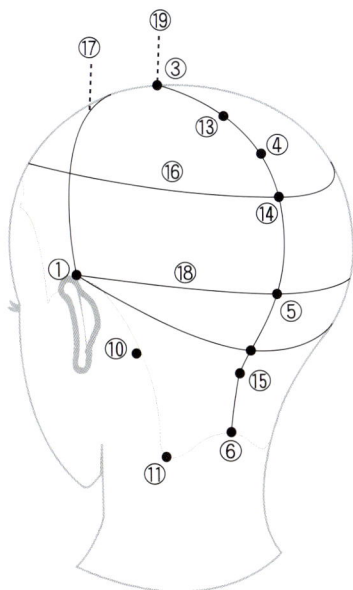

序号	符号	名称
⑫	C.T.M.P.	前顶基准点（Center top medium point）
⑬	T.G.M.P.	前黄金基准点（Top golden medium point）
⑭	G.B.M.P.	后黄金基准点（Golden back medium point）
⑮	B.N.M.P.	颈上基准点（Back nape medium point）
⑯	R.A.	U 形区域（Recession area）
⑰	E.T.E.L.	耳线（耳点—顶点—耳点，Ear to ear line）
⑱	H.L.	水平线（Horizontal line）
⑲	C.L.	中心线（Center line）

5. 剪发的基本姿势

1）剪发的基本姿势及基本动作

　　正确的剪发姿势及剪刀使用是塑造发型最重要的因素。学习美发的入门者必须熟练地掌握正确的剪发基本姿势和动作。

（1）横向修剪的基本姿势

　　保持全身放松的状态，两腿分开与肩同宽，左脚比右脚稍微向前半步地站立，膝盖自然地弯屈，两臂于胸前与胸同高，右臂和地面保持平行，保持剪刀刃在左手中指上部。

▲ 横向修剪的基本姿势

（2）纵向修剪的基本姿势

　　两腿自然分开与肩同宽，左脚比右脚靠前一步，两膝稍微弯屈呈马步姿势，左臂紧贴腋窝，左手抓住发束，手张开，保持头发在操作者的中央位置。右手拿剪刀，修剪方向与地面垂直，立起剪刀刃，左手中指向上与地面垂直。

纵向修剪的基本姿势 ▶

（3）修剪头部右侧的基本姿势

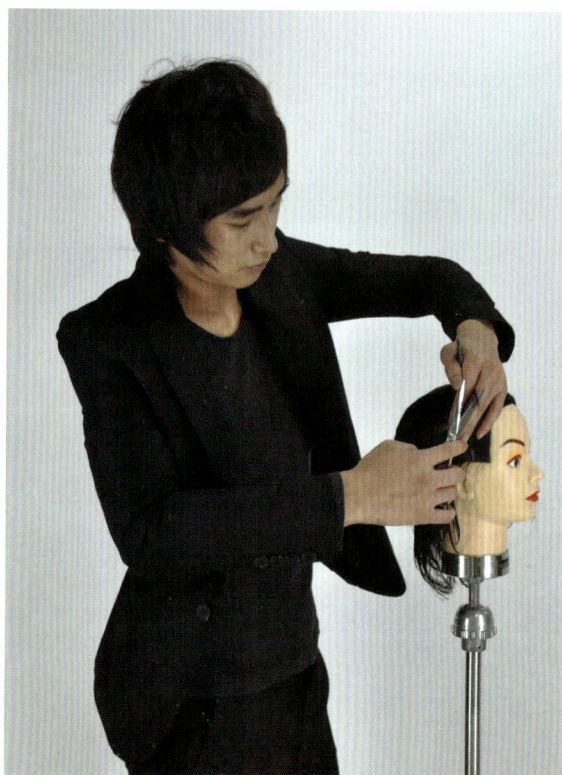

两腿自然分开与肩同宽，右脚比左脚稍微向前半步站立。

左臂呈斜线向上抬起，从上往下保持正确的抓住发束的姿势，右手拿剪刀，右臂呈从腰部开始向上剪发的姿势。

修剪头部右侧的基本姿势

（4）修剪头部左侧的基本姿势

两腿宽度与右侧边部分剪发的姿势一样，左脚比右脚稍微向前半步站立。

左臂和右臂以相反方向呈斜线分开，右臂抬起到脸部，保持与发束方向相同。

修剪头部左侧的基本姿势

2）拿剪刀的方法

无名指的第二指节放入剪刀的无名指环，刀刃末端与地面成 45 度倾斜，将手背翻转。

轻握剪刀，拇指放入拇指环，手背向上自然拿住剪刀。

基本

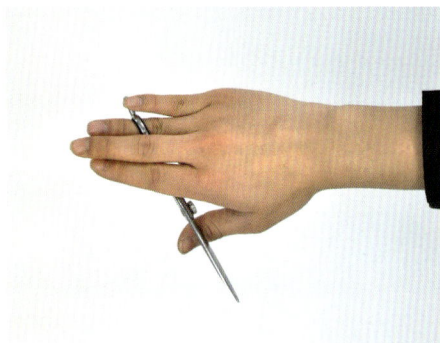 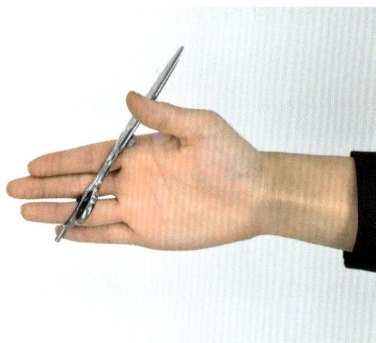

变形

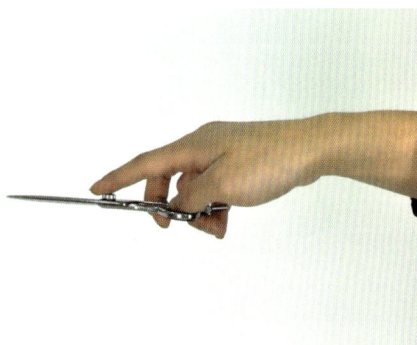 

3）剪刀的开闭

（1）动刃

首先，重点是将拇指放入剪刀拇指环中（手指的 1/3 左右），使之可以自由活动。如果拇指放入过多，开闭剪刀时会不方便，这一点应该注意。

（2）静刃

无名指放到第二指节，使剪刀大大张开（约 90 度），应该剪得有节奏感。为了剪刀开闭的安全，无名指最好不要活动。

剪刀的开闭与回转

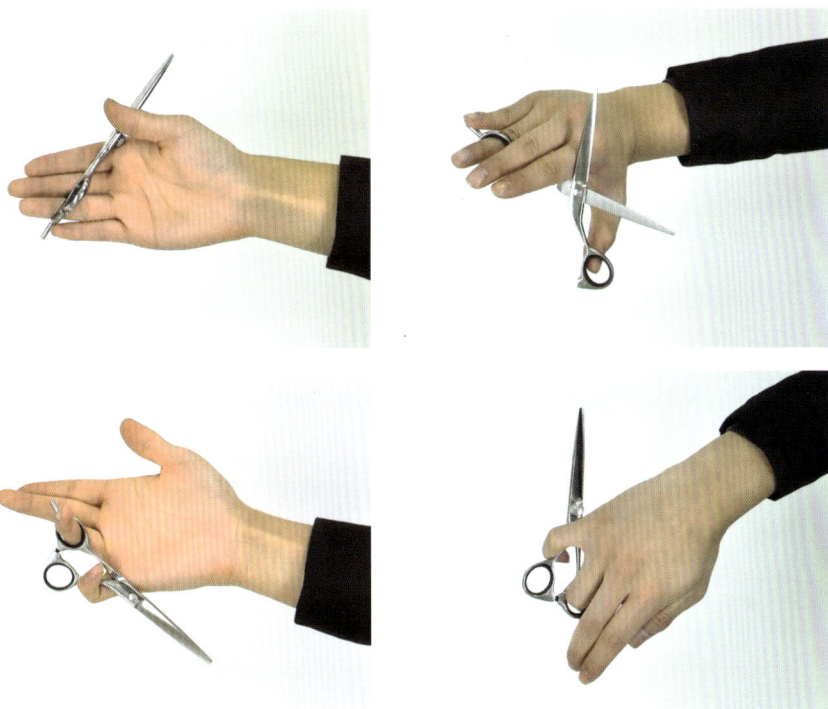

因剪发技术的不同而使用不同的方法

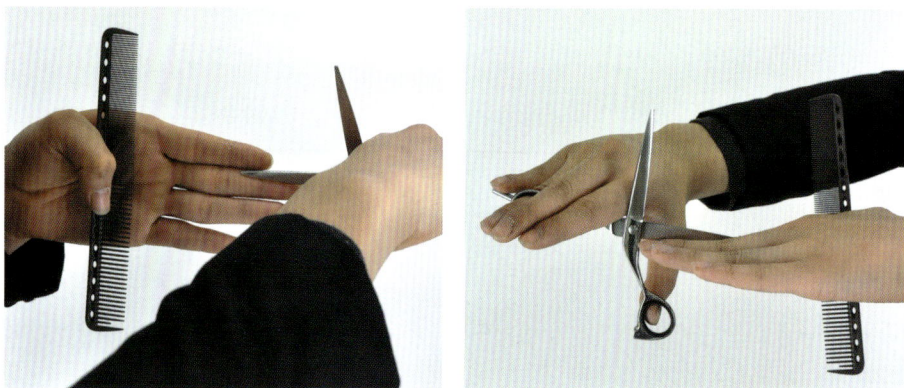

横向点剪

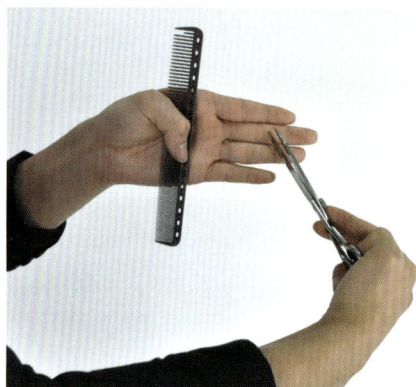

反向点剪

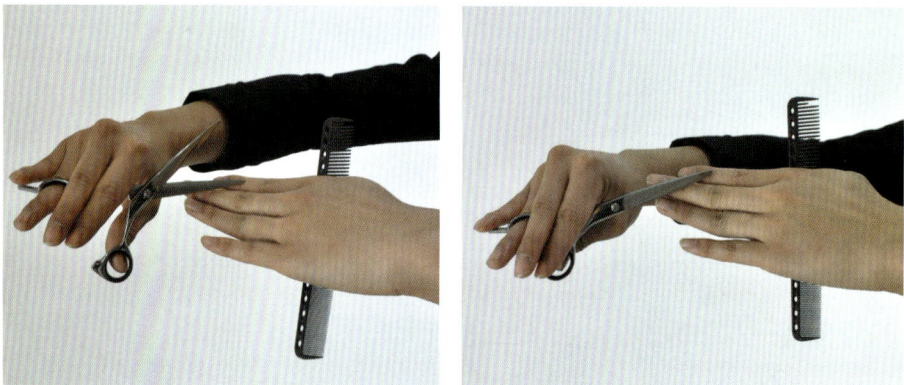

4）拿剪发梳的方法

剪发梳是剪发过程中不可或缺的重要工具，基本的拿法是用拇指和小指托住梳子的中间部分，另外的 3 个手指握住梳子的上部。

梳发动作正侧面

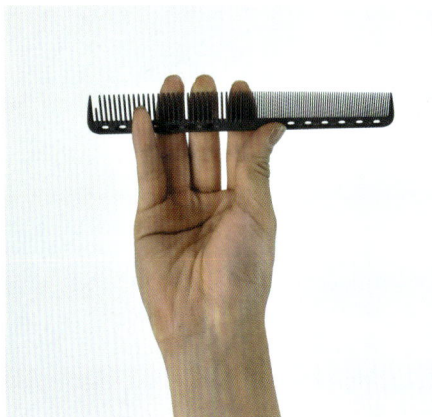

横向分区

纵向分区

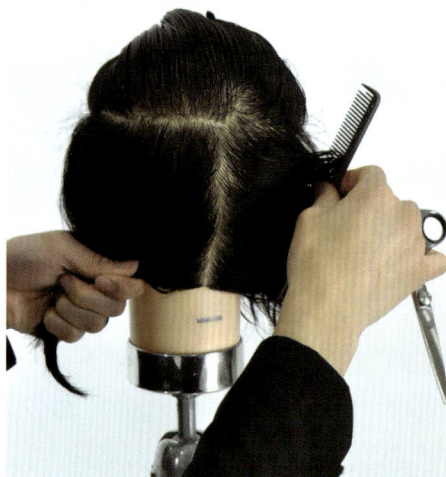

射线分区

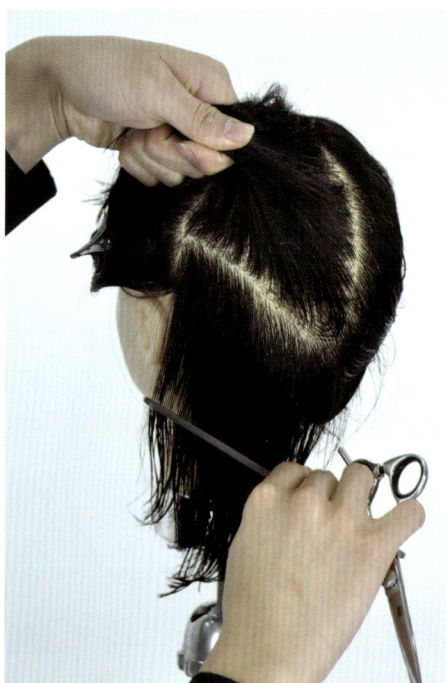

6. 设计形态和剪发角度的种类

1）零层次一直线型（齐剪型）

　　头发的内侧和外侧切口处于同一平面上，即内侧和外侧头发的切口没有段差，所有头发自然地向下梳，然后做横向修剪的发型，即形成无段差的样式。因为头发的内侧和外侧从同一区域散开，所以产生了最大量感的外廓线（out line），即形态线。

　　● 平行型（Parallel line）：剪刀的修剪线路呈水平直线的发型。

　　● 凹线型（A字形，向前斜下，Spaniel）：修剪线在刘海儿位置变长，在后面变短的发型。

　　● 凸线型（V字形，向前斜上，Isadora）：修剪线在刘海儿位置变短，在后面变长的发型。

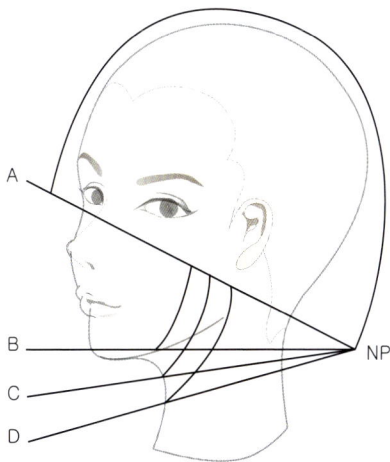

A~NP: 蘑菇头（Mushroom）
B~NP: 向前斜上（Isadora）
C~NP: 水平鲍勃（Parallel bob）
D~NP: 向前斜下（Spaniel）

▲ 齐剪（One-Length cut）

2）低层次

在自然的修剪角度状态中，发线（hair strand）像层层堆起来一样，体现出微小的层次感。越往头顶，头发越长，越有厚重感。

将头发从头皮部分开始提拉 15 ~ 45 度进行低层次修剪，可以收到有立体感的发型效果。根据发束提拉的角度（elevation）不同，分为大低层次（low）、中低层次（medium）和小低层次（high graduation）。

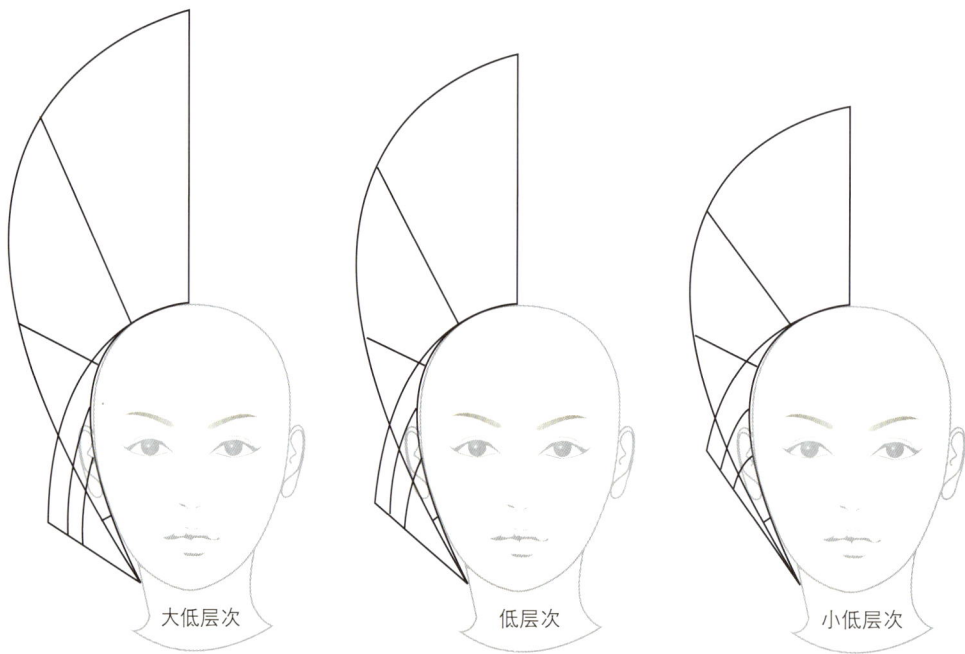

大低层次　　　　低层次　　　　小低层次

▲ 低层次的种类（Graduation）

3）高层次

一般与头皮成 90 度角提拉发片进行修剪的方法，长发或短发均适用。头发的生长方向是根据头顶曲面分散开，所以具有去除重量感的特点。

（1）圆形层次（Round layer）

在头顶部对头发进行均等长度的修剪。因为是平行于头部曲面进行修剪，所以呈圆形。圆形层次修剪的发型和头发的长短无关，它是对头发进行长度一致的修剪，所以又叫均等层次（uniform layer）。

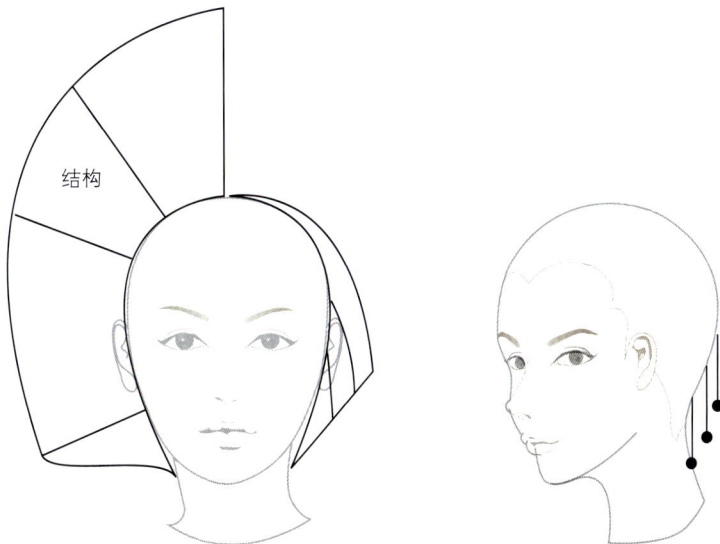

结构

▲ 圆形层次（Round layer）

（2）方形层次（Square layer）

所谓组合型的风格（comebination style），大部分发型是由两种以上的层次结构组合而成的。在直线或直角方形修剪中较多使用这种类型，很容易做出直线的男式发型。从 4 个方向按一定的长度做对称修剪，从外面对互相垂直的四角进行修剪。

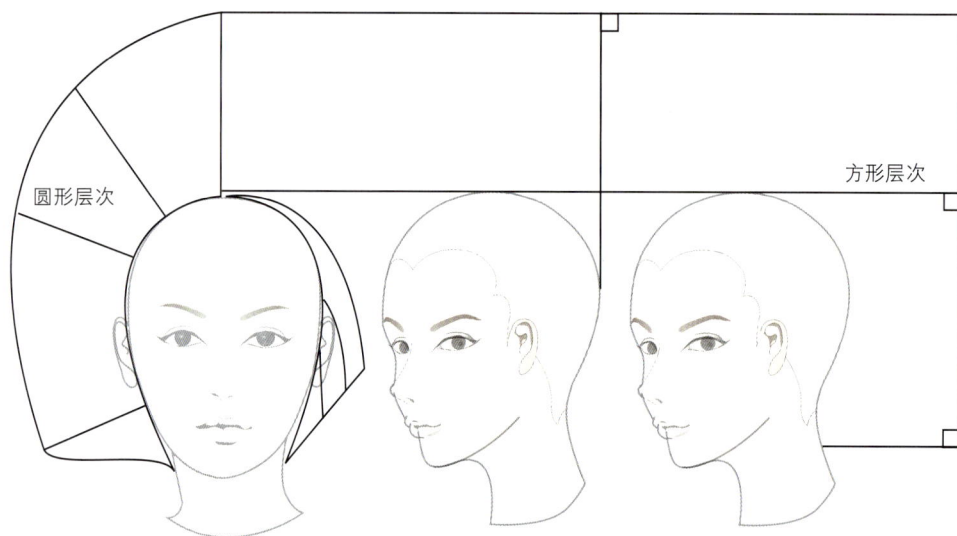

圆形层次

方形层次

▲ 圆形层次和方形层次（Round layer and Square layer）

（3）渐增层次（Increase layer）

头发的长度由上到下逐渐变长的结构，可以塑造发型的动感。

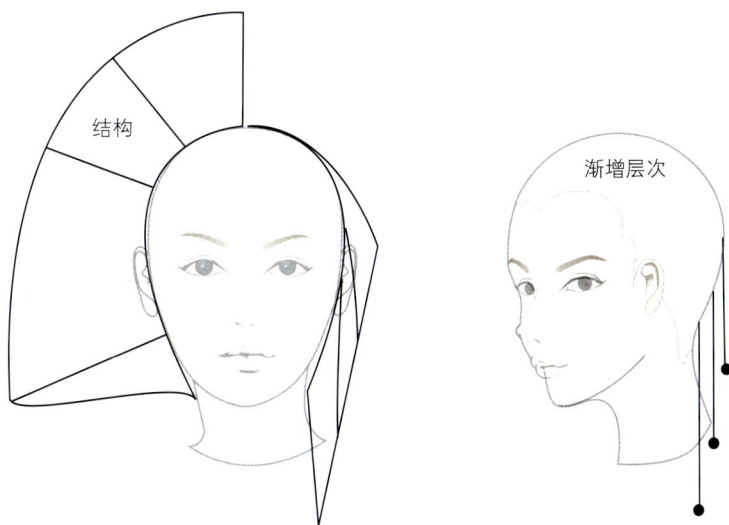

▲ 渐增层次（Increase layer）

4）组合型（Combination）

为塑造多变的发型，混合两种以上的修剪方法，比起只使用一种修剪方法更有效果。组合形态剪发时，应该考虑头型的特点以及头发的质感，组合型样式和结构因在头上形态的比例和修剪长度的不同而不同。

2/3

1/3

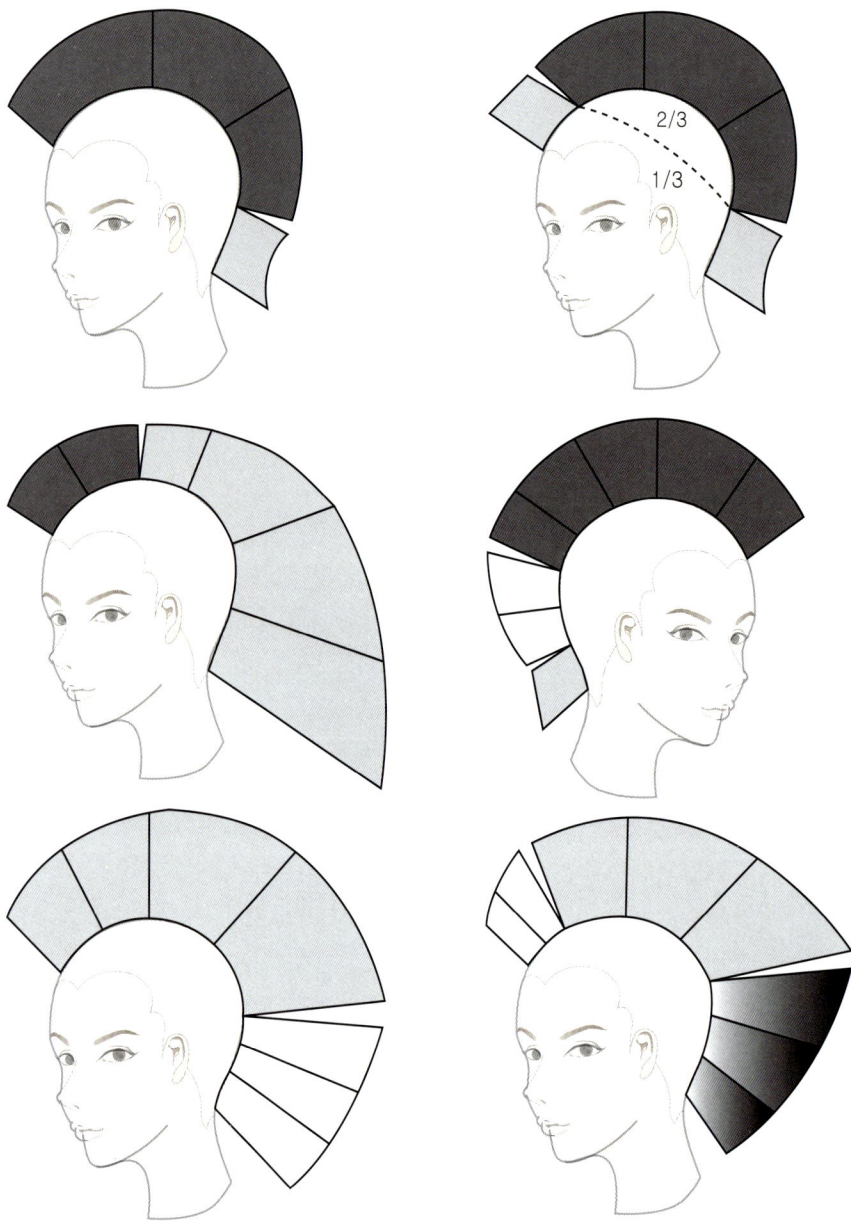

均等层次（Uniform layer）　　高层次（Layer）

低层次（Graduation）　　一直线型（One-Length）

▲ 组合型（Combination）

5）分区、分配、修剪角度

（1）分区 (Parting)

大部分的分区类型和设计线平行。

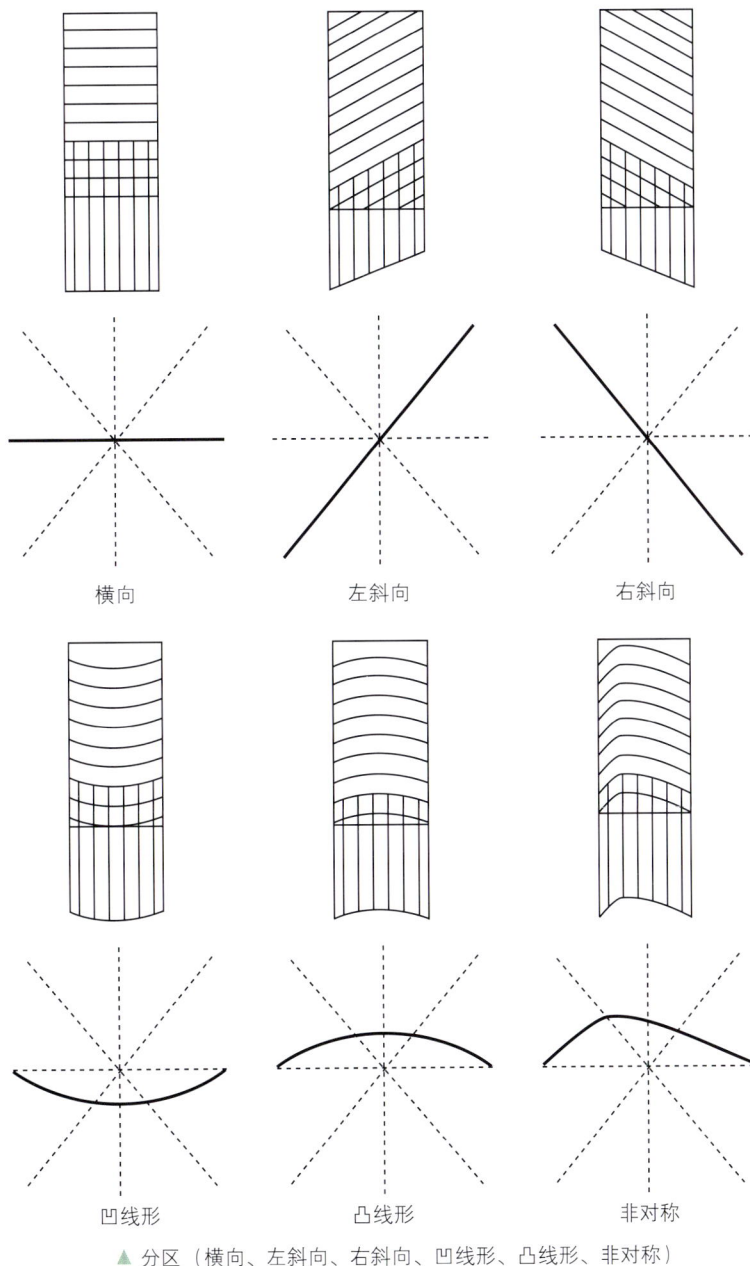

横向　　　　　左斜向　　　　　右斜向

凹线形　　　　　凸线形　　　　　非对称

▲ 分区（横向、左斜向、右斜向、凹线形、凸线形、非对称）

（2）分配 (Distribution)

自然分配（Natural distribution）

自然分配指的是从头顶部开始发束自然分开的方向。

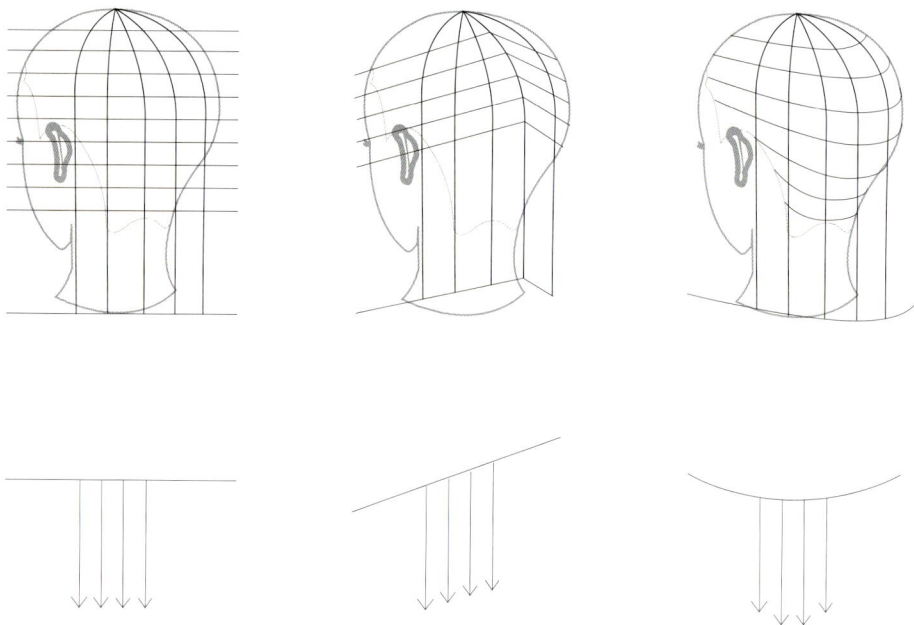

▲ 自然分配（Natural distribution）

垂直分配（Perpendicular distribution）

垂直分配指的是基本分区发束按 90 度梳理的方向。

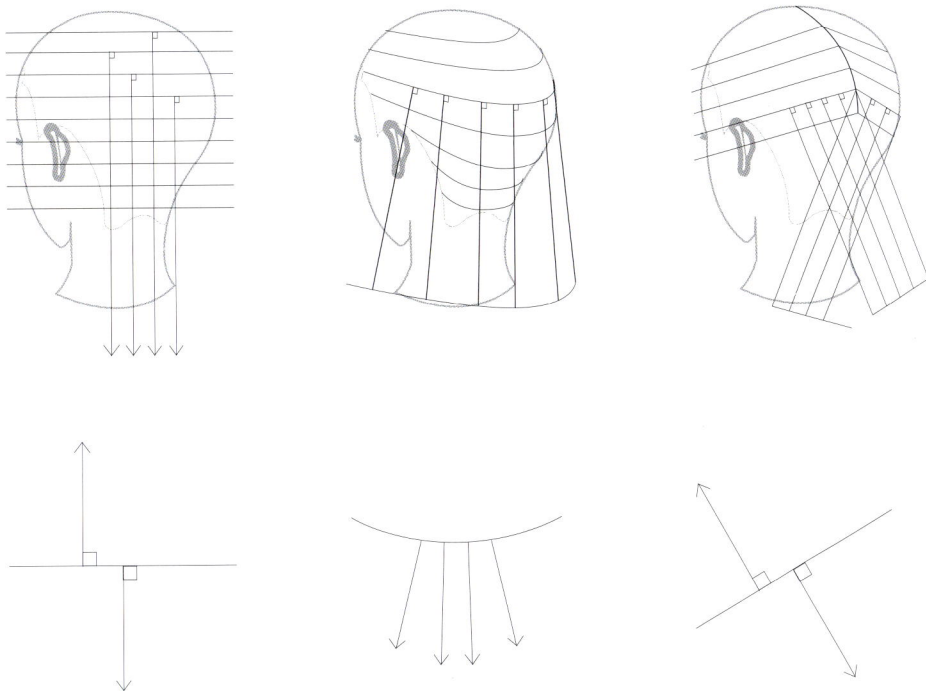

▲ 垂直分配（Perpendicular distribution）

偏移分配（Shifted distribution）

移动分配指的是头发基本分区中除了垂直分配和自然分配之外的其他所有梳理方向。

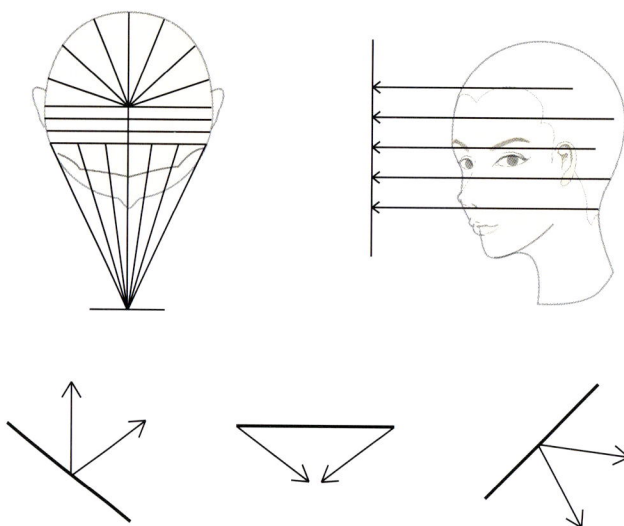

▲ 偏移分配（Shifted distribution）

定向分配（Directional distribution）

定向分配指的是和某个面成直角梳理的方向。

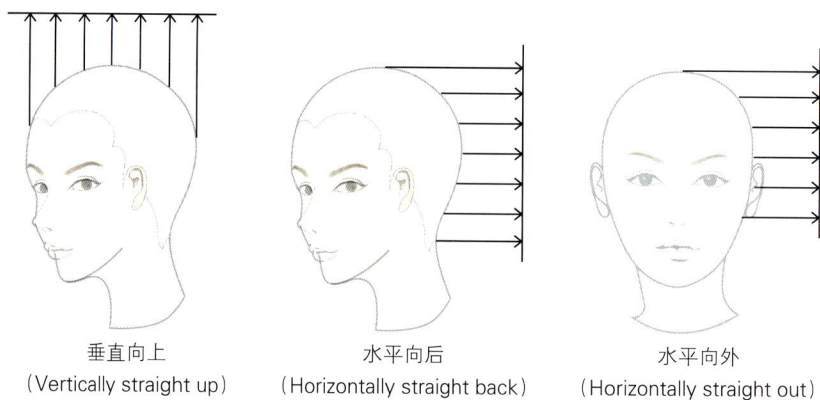

垂直向上
(Vertically straight up)

水平向后
(Horizontally straight back)

水平向外
(Horizontally straight out)

▲ 定向分配（Directional distribution）

（3）修剪角度（Projection）

修剪角度指的是修剪过程中将头发从头顶的曲面向上提拉的角度。

自然修剪角度 （＜0度，Natural fall）

自然修剪角度指的是在重力作用下，头发从头顶曲面自然下垂的角度。

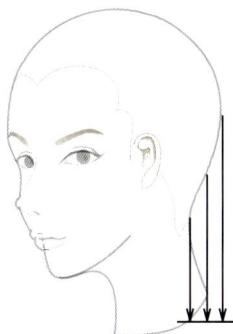

▲ 自然修剪角度 （Natural fall）

低层次修剪角度

在自然修剪角度和90度之间的修剪角度可以做出低层次发型。

● 根据修剪角的低层次发型所分的3种角度

低修剪角度 Low projection （1~30度）	中等修剪角度 Medium projection （30~60度）	高修剪角度 High projection （60~89度）

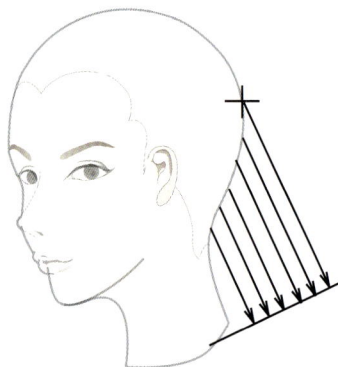

低角度
（Low projection）

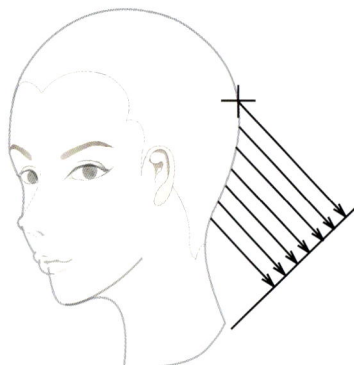

中等角度
（Medium projection）

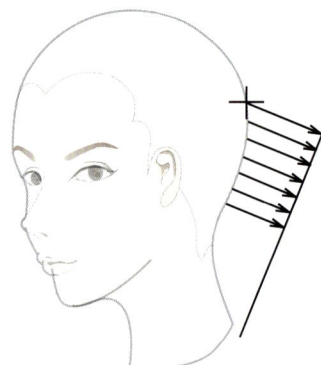

高角度
（High projection）

▲ 低层次修剪角度（Projection in graduation form）

高层次修剪角度

0 度（水平向前）、45 度、90 度（垂直向上）一般是在高层次（渐增层次）发型中所使用的角度。

修剪角度只适用于一个分区的所有头发集中起来并设定一个固定修剪线区域的情况。

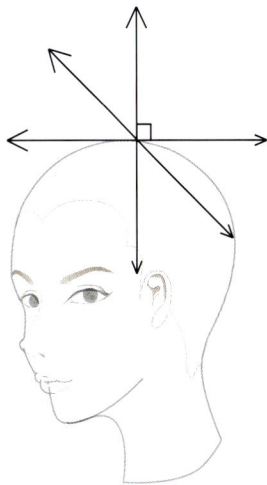

▲ 高层次修剪角度（Increase layer projection）

均等层次修剪角度

和头顶部的曲线面成 90 度，所有头发长度均相同。

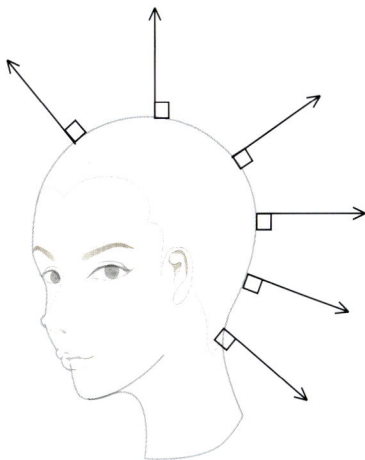

▲ 均等层次修剪角度（Uniform layer projection）

6）手指的位置与设计线（修剪线）

（1）手指的位置（Finger position）

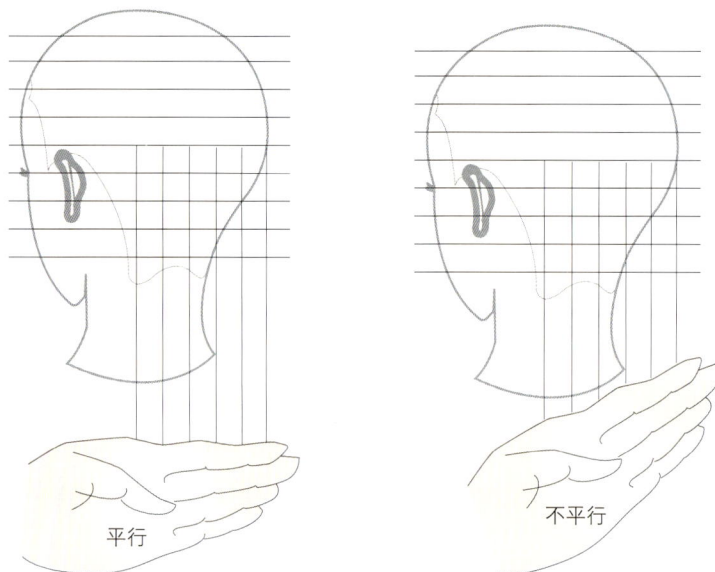

▲ 手指的位置（Finger position）

- 平行：是指手指的位置和分区线平行放置。
- 不平行：是指手指的位置和分区线不平行放置。

(2) 设计线（修剪线，Design line）

设计线是指剪发过程中使用的头发模型需要确定的头发的样式或者长度修剪线。分为固定设计线和移动设计线两种形态。

固定设计线（Stationary design line）

固定设计线是指做好修剪线后，将所有毛发汇集到起初定好的长度进行剪发，常用于垂直修剪：高层次修剪。

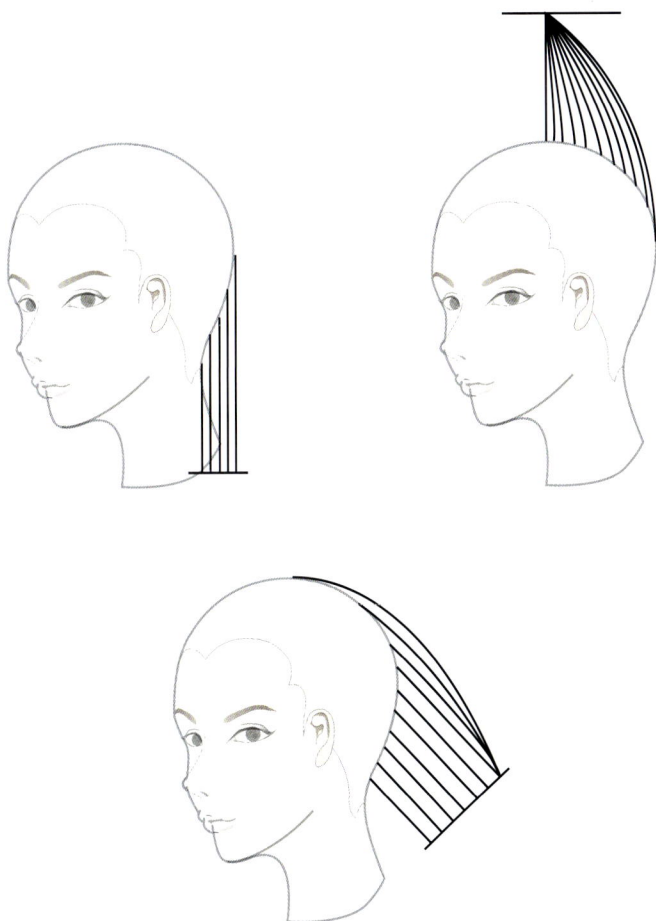

▲ 固定设计线（Stationary design line）

移动设计线（Mobile design line）

移动设计线指的是剪发的修剪线长度有变化，常用于均等层次、低层次修剪。

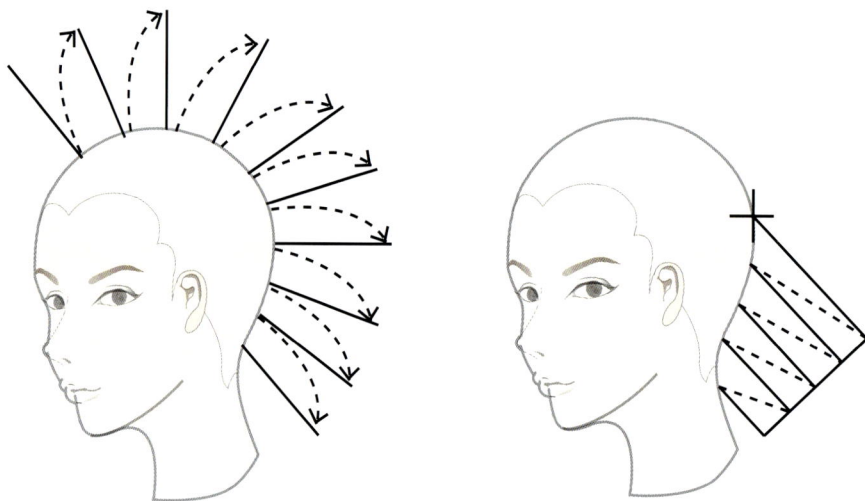

▲ 移动设计线（Mobile design line）

7. 基准的种类

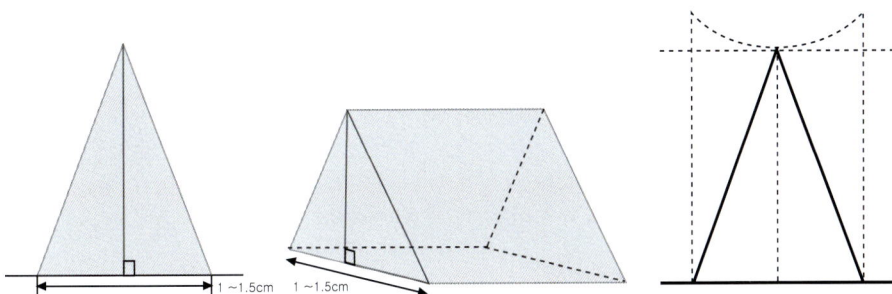

1）垂直拉发片（On the base）

和横向、纵向分区无关，假定宽度为 1 ~ 1.5cm（厘米）时，这一宽度的中心处发束与头皮成 90 度。当剪发需要修剪同一长度时，以及吹干或烫发中做中卷儿（medium volume）时使用。

① 同一基准线宽度取发片。

② 拉到基准线中心的直角线剪发。

③ 头顶部的状态保持不变。

④ 基准线太宽的话会出现长短不一的现象。

▲ 垂直拉法片（On the base）

2）侧垂直拉发片（Side base）

将垂直提拉的发束向一侧偏移，使其一个侧面与头皮成 90 度。这个技术常应用于使头发逐渐变长的操作中。

① 渐渐变长或者变短的形态。

② 分为上区、下区、左侧区、右侧区。

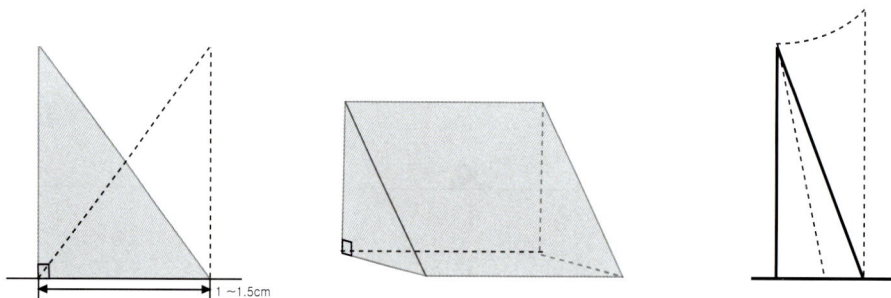

▲ 侧垂直拉发片（Side base）

3）偏移拉发片（Off the base）

　　将发束提拉至两侧端点之外，形成 90 度以上的角度的提拉方法。这个技术常用于头发长短不一而急需变化时使用，也可在吹干和想要打造更多量感或者降低量感的烫发时使用。

　　① 基准线以外有接点。

　　② 拉到右边或左边时，可以做出明显的斜线。

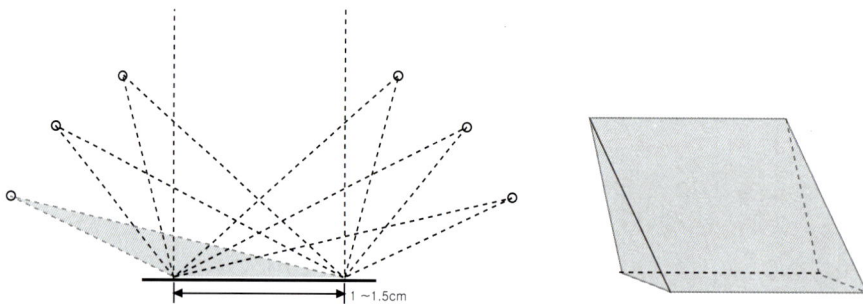

▲ 偏移拉发片（Off the base）

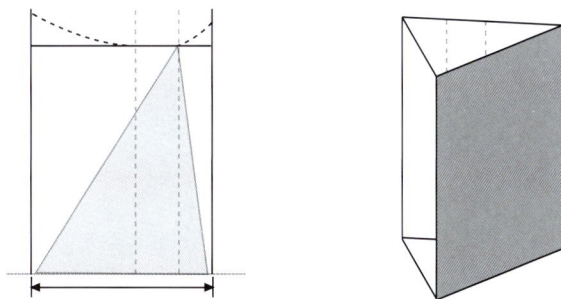

4）自由垂直拉发片（Free base）

自然地控制发束变长或者变短。

① 处于垂直分配与侧垂直分配中间的一种提拉方法。

② 不急需改变发型时使用。

▲ 自由垂直拉发片（Free base）

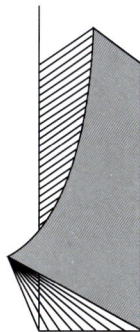

5）扭转拉发片（Twist base）

发束向一侧扭转至同一位置的提拉方法。

① 急需改变发型时使用。

② 横向、纵向、斜向分区发束自然连接时使用。

▲ 扭转拉发片（Twist base）

8. 调控量感和质感的主要技术

1）齐剪（平剪，Blunt cut）

用一直线型修剪的方法去除了头发的长度，但维持了其体积。这是为了维持细软的头发的体积和重量感而使用的方法。毛发损伤小，剪后的部分清晰，发梢有力道。具有容易体现立体感、容易体现几何学的轮廓的特点。

2）打薄削剪（Thinning）

打薄是维持头发的整体长度，减少体积，把头发变薄时使用的方法。发型设计构成的表面、前面和侧边、颈线、中缝及分区部位，应注意尽量不要过度打薄。

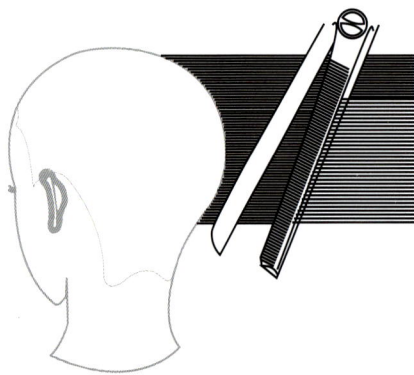

▲ 打薄削剪（Thinning cut）

3）削尖剪（Tapering）

指的是发梢部分渐渐变细，对发梢进行打薄的同时，将头发剪短的方法。尖剪是从头发密的部分开始，通过改变过大的体积，去除一定的长度和去掉发梢重量来打造出自然的发卷儿和波浪动感的发型。另外，也在最后塑造发型时使用。

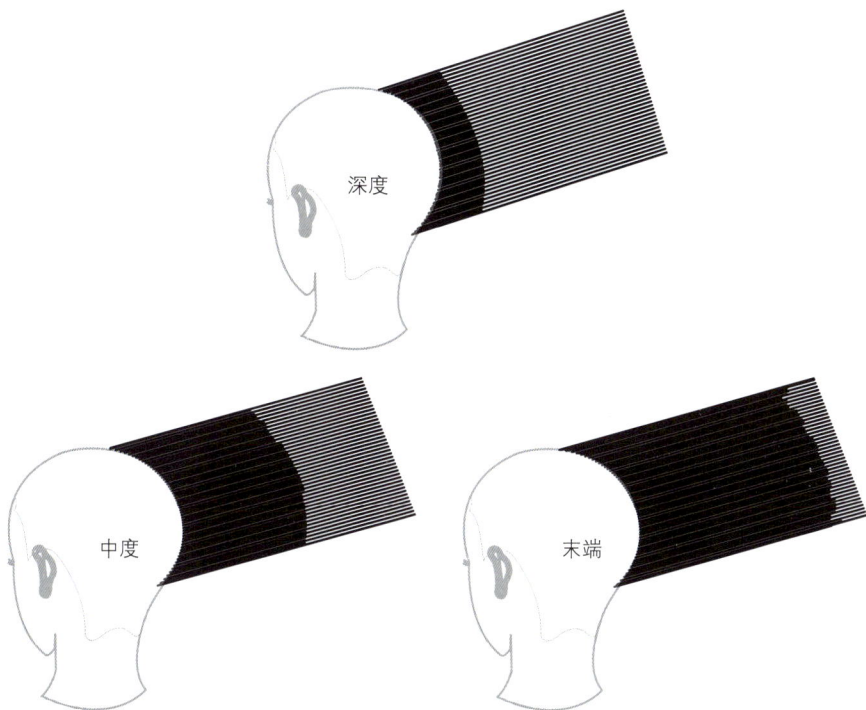

▲ 削尖剪（Tapering）

根据削尖剪的量分类

末端削尖剪（End taper）

从发梢向发根方向 1/3 处以内使用削尖剪的技法，想要头发显薄或者发线看起来柔软时使用。

标准削尖剪（Normal taper）

头发数量一般多的情况下，从发长的 1/2 处开始，大幅度尖剪的技法。

深度削尖剪（Deep taper）

当头发数量过多，想要使头发的数量看起来不多的时候使用的技法。从发梢至发根方向 2/3 处开始尖剪，将多余的头发剪掉，在厚重和固定的形象中赋予轻盈感和动感。

4）敲剪（飞剪，Stroke cut）

使用剪刀对擦干后的头发进行尖剪，根据敲剪的程度可分为短敲、中敲、长敲。握住发片边缘，用剪刀刀刃从头发发梢方向开始向中间部分进行剪发。往头皮方向敲剪的过程中，剪刀刀刃只稍微关闭一点，之后从头皮开始往远处拉，再重新打开。如果剪刀完全关闭，会有太多的头发被剪掉，并会留下剪刀痕迹，所以一定要注意。

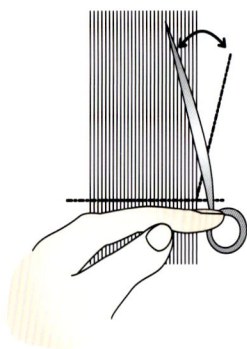

短敲
(Short stroke)　　中敲
(Medium stroke)　　长敲
(Long stroke)

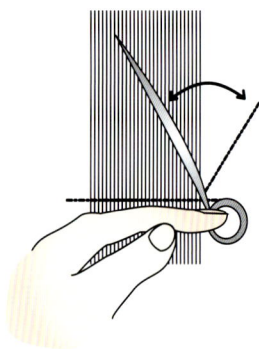

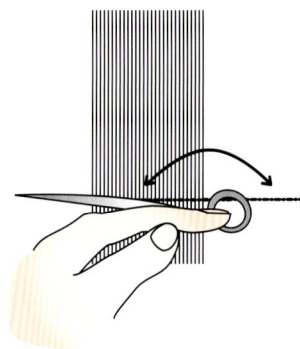

▲ 敲剪（Stroke cut）

5）滑剪（Slide cut）

这是 C 字形的曲线形修剪技术，即打开剪刀刃的 1/3，放入发束中，呈圆形滑动剪刀进行剪发的方法。

6）挑剪（Slicing）

左手抓住发束，为将发梢呈散开状而采用的技术。剪刀向头发末端的方向滑推的技法。给予头发末端部分长短段差，在赋予头发不规则的动感和轻柔形象时使用。

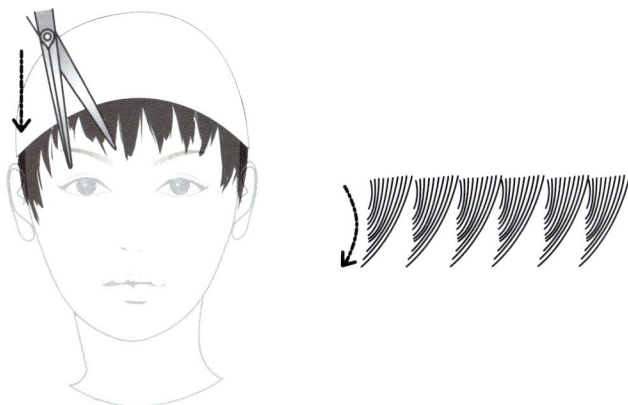

▲ 挑剪（Slicing）

7）刻痕剪 （Notching）

剪发后，使发梢没有厚重的感觉。用自然的修剪技法，与抓住发束的手成 45 度角倾斜，将剪刀倾斜插入发梢进行修剪的方法。这是可以大大减少齐剪后产生生硬感觉的一种技法。

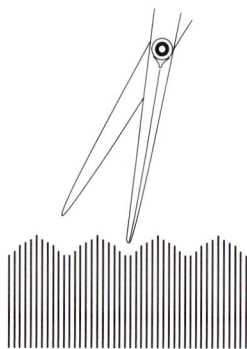

▲ 刻痕剪（Notching）

8）梳剪（Shingling）

梳剪是为男士剪发时常使用的方法。从头皮开始，用梳子将头发往上挑起，然后将梳子外边的头发用剪刀剪掉。

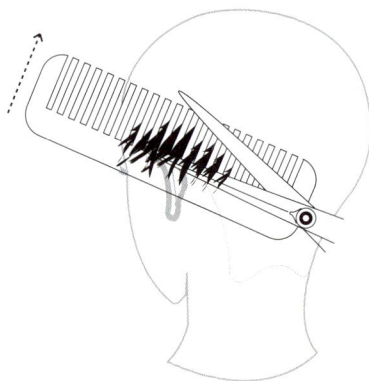

▲ 梳剪（Shingling）

基本剪发

1. 零层次—直线型（One length）

2. 低层次（Graduation）

3. 高层次（Layer）

HAIR CUT DESIGN DRILL

1. 零层次一直线型（One length）

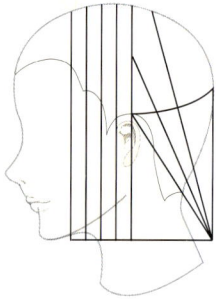

水平（一直线型，Horizontal）

侧面

前面

后面

1

第一部分头发自然落下，从中央部位开始设定修剪线。

2

按照修剪线，从左侧面向右侧面进行修剪。

3

第二部分分区用和步骤1、2同样的方法进行修剪。

4

右侧发片也按照中心修剪线进行修剪，注意不要偏离角度。

5

第三部分头发下垂的状态。

6

第三部分修剪完成。

7

头顶部头发呈放射线状自然垂落进行梳理。

8

头后面修剪完成。

9

右侧头发自然垂落，设定修剪线进行水平修剪。

10

用和步骤9同样的方法进行修剪。此时，如果拉发片的力度过大，修剪后的发片就会变短，所以要多加注意。

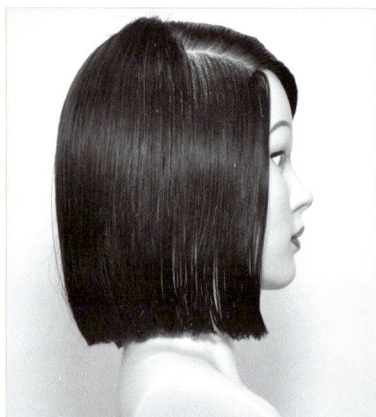

11

第二部分完成。

12

最后一部分注意不要使刘海儿过短，严格按照修剪线进行修剪。

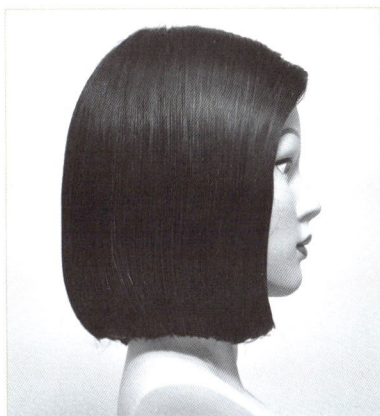

13
右侧面修剪完成。

14
左侧面也按同样的方法进行修剪后的状态。

水平 – 变形（Horizontal–Transform）

前面

后面

侧面

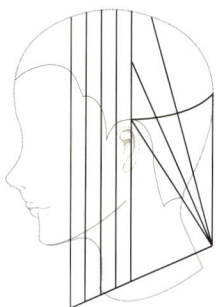

向前斜下（Spaniel）

侧面

前面

后面

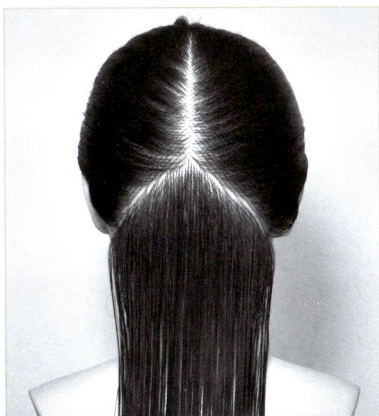

1

颈区按 A 字形，成 45 度凸形分区取发片。

2

在后部中心处高定修剪线。

3

将左边要修剪的头发拉到右边，平行于分区线进行修剪。

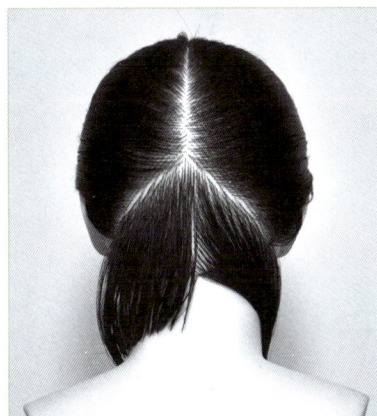

4

左侧面修剪完成的状态。

5

右侧部分也用和左侧相同的方法进行修剪。

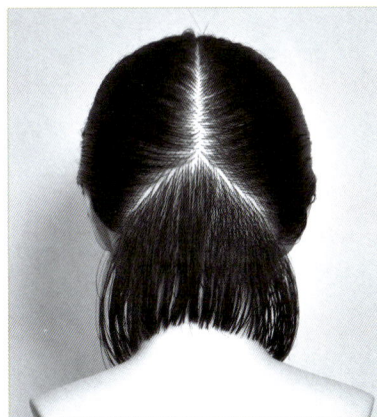

6

颈区第一部分修剪完成。

7

颈区第二部分头发放下时的状态。

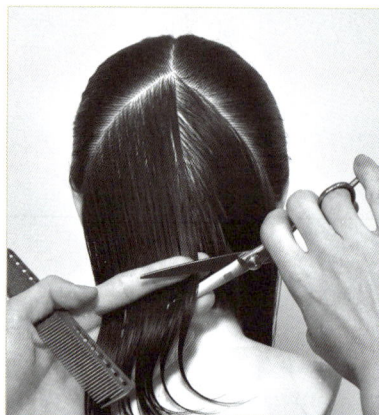

8

第二部分也用同样的方法按照修剪线从左侧开始修剪。

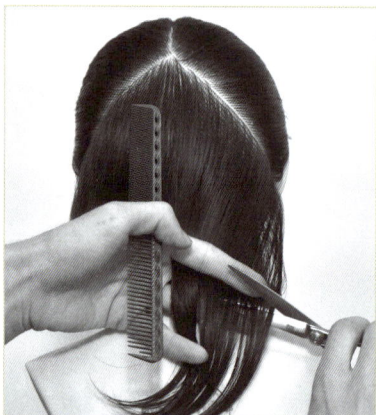

9

右侧也用同样的方法进行修剪。

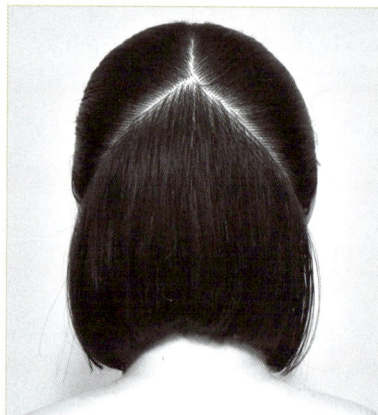

10

第二部分修剪完成。

11

第三部分头发放下时的状态。

12

用和步骤8相同的方法进行修剪。修剪时，注意不要变换角度。

13

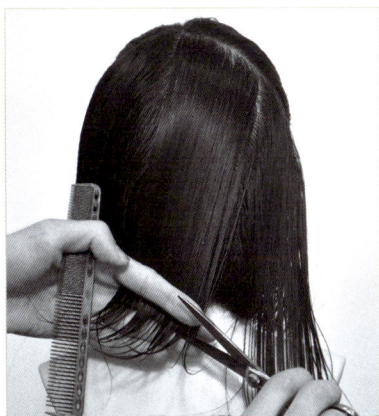

右侧面也要进行
连接修剪。

14

第三部分的修剪
完成。

15

最后一部分头发
梳理成放射的形
态。

16

修剪时一定不要
过度用力拉取发
片。

17

用同样的方法对
右侧进行修剪。

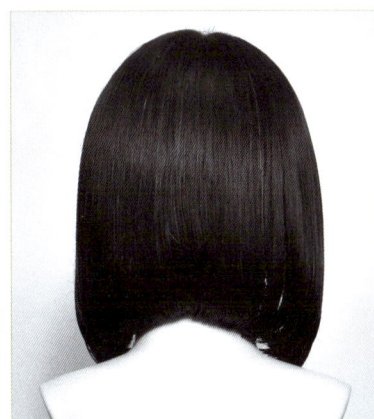

18

后面部分修剪完
成。

19

侧面与右侧分区线平行，按后部的修剪线进行修剪。

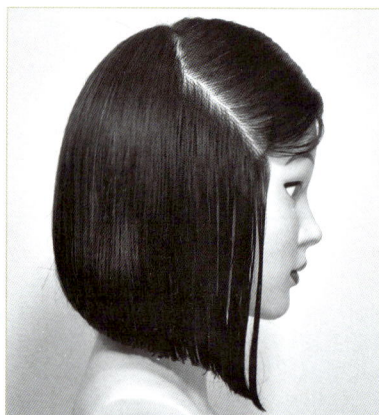

20

侧面第一部分修剪完成。

21

第二部分也用同样的方法进行修剪。

22

第二部分修剪完成。

23

最后一部分进行自然连接修剪。

24

右侧面完成。

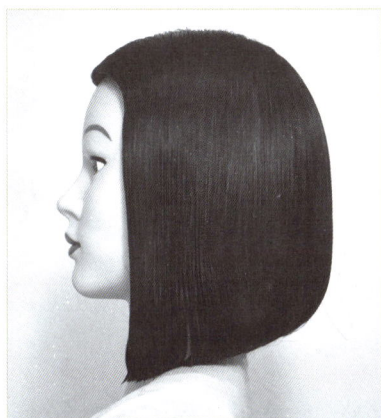

25
左侧面也使用同样的方法进行修剪。

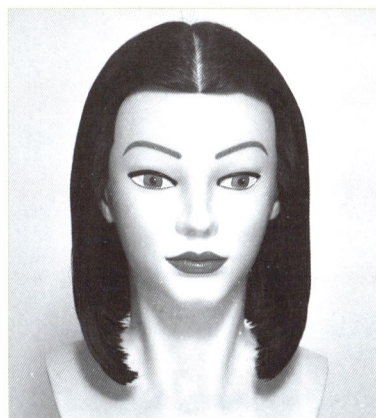

26
完成后的正面。

向前斜下 – 变形（Spaniel-Transform）

前面

侧面

后面

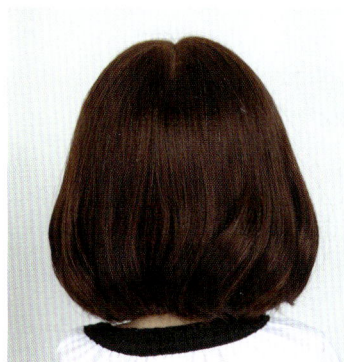

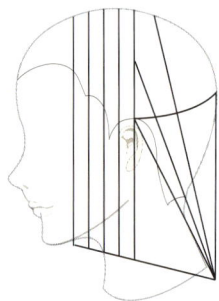

向前斜上（Isadora）

侧面

前面

后面

1

颈区第一部分从后中心区域开始向两边耳后点方向凹形分区。

2

从后中心点区域开始设定修剪线。

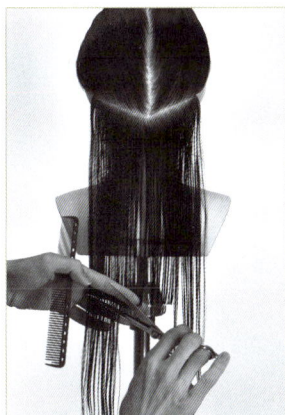

3

从左侧开始平行于分区线进行修剪。

4

右侧也是平行于分区线进行修剪。

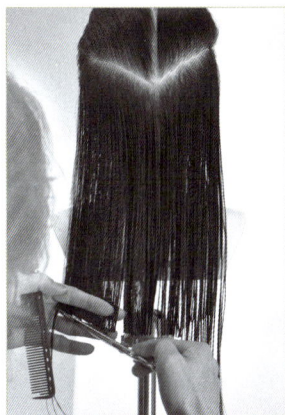

5

第二部分从左侧开始到右侧用同样的方法进行修剪。

6

第二部分修剪完成。

7

第三部分也同样
从后中心区域开
始 V 字形分区，
平行于分区线进
行修剪。

8

后面部分修剪完
成。

9

左侧面的部分也
保持后部的角
度，呈 V 字形
平行于分区线进
行修剪。

10

第二部分也按同
样的方法进行修
剪。

11

第二部分修剪完
成。

12

左侧面修剪完
成。

13
右侧面也按同样的方法进行修剪。

14
后面和侧面修剪完成。

向前斜上 – 变形（Isadora–Transform）

前面

侧面

后面

2. 低层次（Graduation）

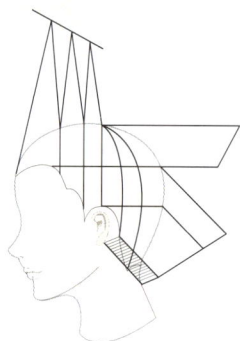

大低层次（Heavey graduation）

前面

后面

侧面

1

颈区第一部分头发自然落下，设定在后中心区域设定修剪线。

2

中心区域修剪完成。按照此修剪线从左侧开始修剪。

3

用和第一部分相同的方法修剪到头顶部分。

4

后部修剪完成。

5

侧面第一部分修剪完成。

6

按照后部的修剪线水平修剪，两侧也用同样的方法来完成。

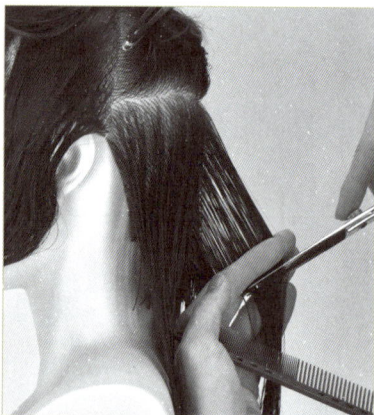

7

从后中心区域纵向拉取发片，按照大低层次的角度进行修剪。

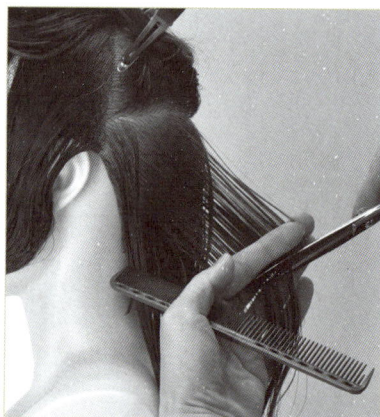

8

从中心开始到耳后点要按照大低层次的角度进行修剪。

9

中间分区从后中心区开始和头下部分区相连接，按照大低层次的角度进行修剪。

10

头下部分区的角度注意不要太靠上，自然进行连接。

11

侧面也是纵向拉取发片，做有重量感的大低层次修剪。

12

用和步骤11相同的方法进行修剪。

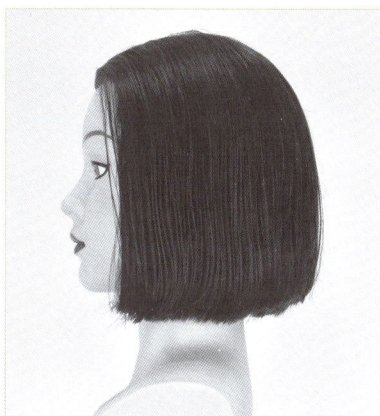

13

左侧面修剪完成。右侧面用同样的方法进行修剪。

大低层次 – 变形
（Heavey graduation–Transform）

前面

侧面

后面

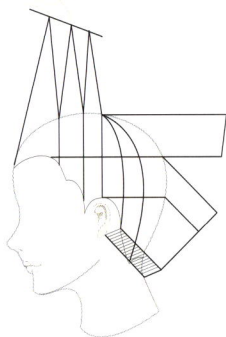

低层次（Low graduation）

侧面

前面

后面

1

颈区第一部分头发自然下落，在后中心区域设定修剪线。

2

修剪线从中心开始往侧面方向，前面稍微提拉一点的状态进行修剪。

3

右侧用同样的方法修剪。

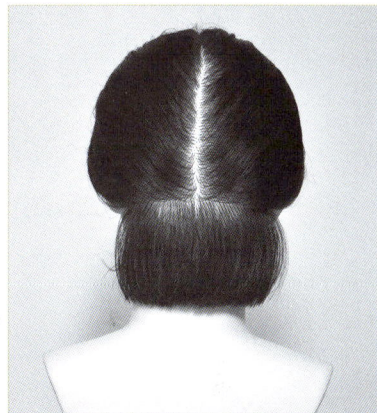

4

第一部分修剪完成。

5

第二部分头发下垂的状态。

6

按照第一部分修剪线进行修剪。

7

后中心区域从左
往右进行修剪。

8

第三部分头发自
然垂落的状态。

9

注意修剪时不要
过于用力。

10

第三部分修剪完
成。

11

第四部分头发垂
下的状态。

12

用剪刀修剪的这
部分头发容易变
长，因此，要将
这部分修剪成统
一的样式。

13

第四部分修剪完成。

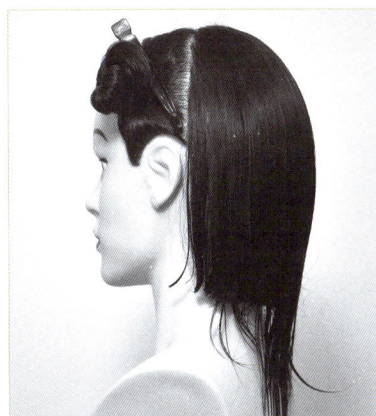

14

后面部分最终分区头发自然垂落。

15

注意不要改变角度，向地面方向梳理，做出向上方修剪的线路。

16

后面部分修剪完成。

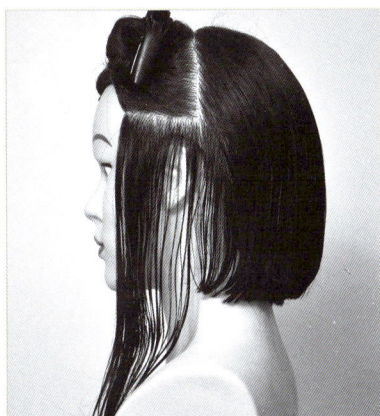

17

侧面第一部分头发自然垂落。

18

将后面颈区头发的修剪线作为修剪线，修剪侧面第一部分的头发。

19

侧面第一部分修
剪完成。

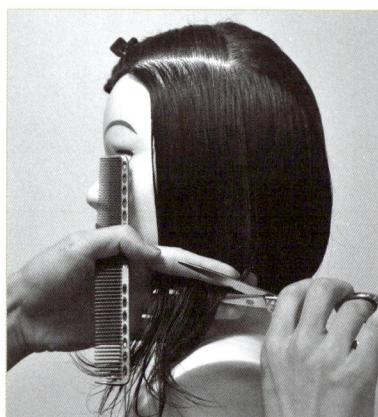

20

第二部分也进行
同样的修剪。

21

侧面第二部分修
剪完成。

22

注意尽量不要出
现角度的偏差。

23

左侧修剪完成。

24

注意不要使后面
的头发看起来过
于厚重，按照低
层次的角度进行
修剪。

25
第二部分保持低层次状态，偏移拉发片进行修剪。

26
第三部分也按同样的方法进行修剪。

27
尽量使重量感往前边移，基准线部分往后方拉发片进行修剪，到耳点为止将头发往前方提拉，即偏移拉发片进行修剪。

28
尽量不要碰到耳后槽，注意手指设定的角度。

29
修剪时注意尽量不要剪到修剪线。

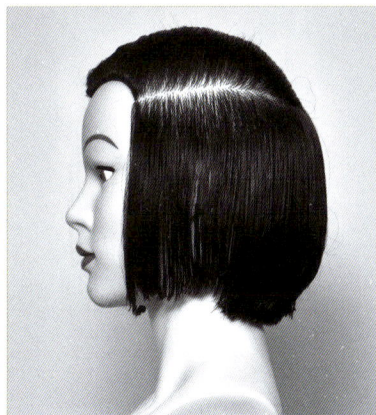

30
头下部区域的侧面头发下垂后形成的层次样态图。

31

头顶部分也用同样的方法进行，修剪形成发散形式。

32

注意头顶部分的梳理，修剪为看起来向后拉似的发型。

33

继续用同样的方法进行修剪。

34

最后的部分进行自然的连接修剪。

35

整体上低层次形态修剪完成。

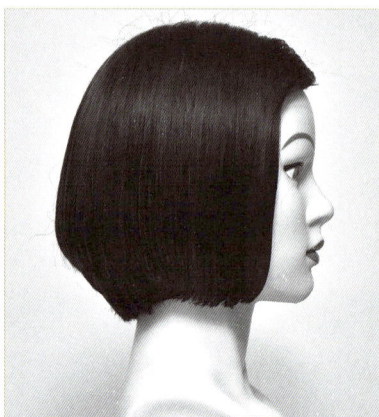

36

右侧也使用同样的方法进行修剪，检查后中心区域、顶部、前部左右的角度和长度。

TIP 零层次一字形

　　学习剪发设计时，最开始学的就是零层次一字形修剪法。它指的是发尾呈一直线状，完全没有段差的发型。即头发自然垂下，完全没有提拉角度的 0 度状态下进行修剪。

　　齐剪法的外部轮廓可以分类如下。和地面平行修剪形成的发式称为平行型，前面头发向上倾斜的状态叫作向前斜上，前面头发向下倾斜的状态叫作向前斜下。

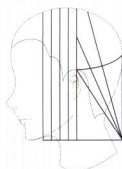 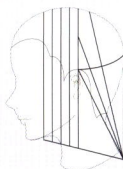 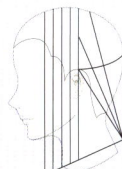

水平　　　　　向前斜上　　　　向前斜下

低层次 – 变形（Low graduation–Transform）

前面　　　　　　　　　　　　　　　　　　　　**侧面**

后面

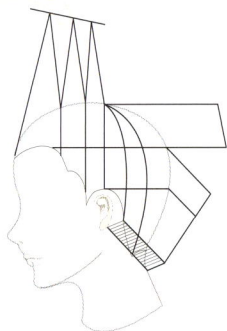

小低层次（High graduation）

侧面

前面

后面

1

设定外部轮廓的
长度，使用齐剪
法修剪后，和外
部轮廓的修剪线
成大于 60 度的
角度进行修剪。

2

第二部分按同一
角度进行修剪。

3

第三部分角度稍
微再上提一些。

4

使用同样的方法
进行修剪。

5

到顶部为止每次
角度稍微上提。

6

剩下的头发在顶
部水平提拉进行
修剪。

7

侧面的最后部分
进行自然连接修
剪。

8

按照后部修剪线
设定长度进行修
剪。

9

后部第一部分和
侧面提起同样的
角度进行修剪，
另一侧也是一
样。

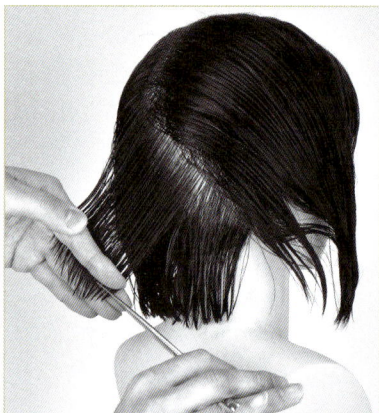

10

修剪时注意不要
剪到外部轮廓的
修剪线。

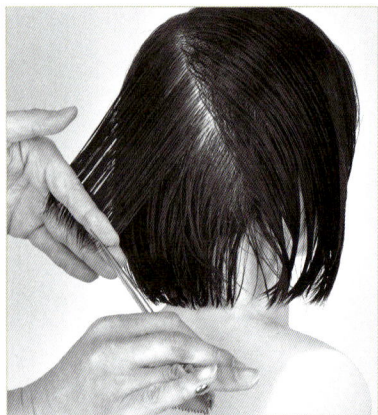

11

第三部分要采取
与侧面角度相符
合的方式进行修
剪。

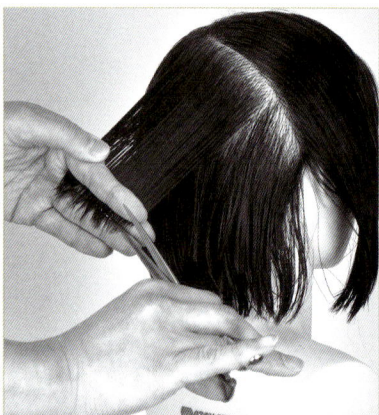

12

第四分区要与修
剪线尽量保持平
行，同时要注意
这是产生重量感
的位置，需调高
角度进行修剪。

13
因为随着角度的调高，重量点也在发生变化，所以修剪时要注意角度的变化。

14
后中心区域注意尽量不要出现棱角。

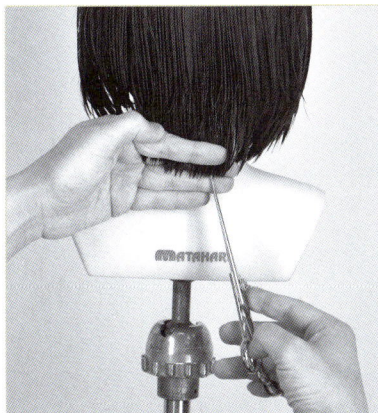

15
检查后颈处是否出现棱角。

16
对于前面部分的发束要采用稍微上扬的角度进行点剪。

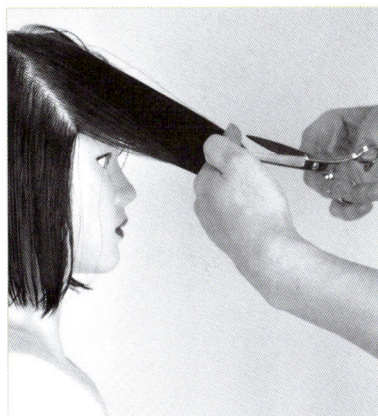

17
将前面和侧面做自然连接修剪。

18
头顶部分做自然连接修剪。

19

顶部和前面做连
接修剪。

20

整体上从顶部到
左右两侧进行连
接修剪。

21

修剪时要注意前
面头发的长度。

22

以放射线的状态
将各个分区连接
起来。

TIP 低层次修剪

　　低层次修剪的发型指的是头发的末端有一定段差，下面部分的头发短，越往上面的头发渐渐变长的样式。即修剪的头发层层重叠往上，自然地划出重量感曲线，以此为基础尽量做出有量感的样式。

　　在发片提拉的角度方面，从一个手指中发束所形成的层次开始，根据角度的不同可以分为大低层次（136度以上）、低层次（116~135度）、小低层次（96~115度）。

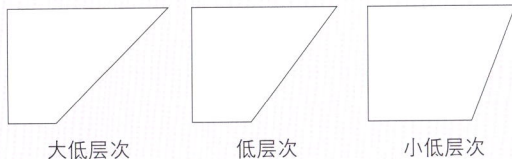

大低层次　　　低层次　　　小低层次

小低层次 – 变形（High graduation–Transform）

前面

后面

侧面

3. 高层次（Layer）

均等层次（Uniform layer）

侧面

前面

后面

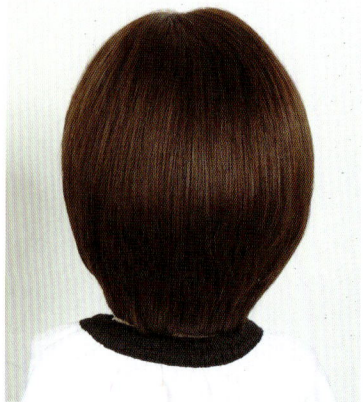

1

颈区第一部分头发横向分区进行修剪。

2

第二部分按照与步骤 1 同样的方式进行修剪。

3

第三部分到最终部分按同样的方法进行修剪。

4

侧面和后边相连接，将头发往前上方提起进行修剪。

5

按和步骤 4 相同的方法进行修剪。

6

注意，修剪第三部分时角度不要扩大。

7

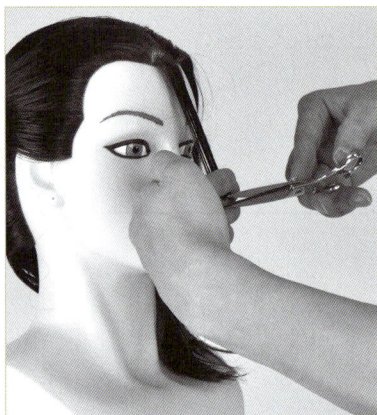

设定前面头发的
长度。

8

将前面和侧面做
连接修剪。

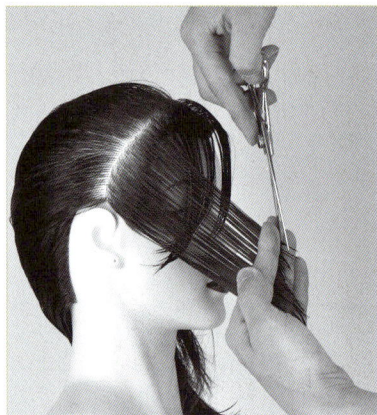

9

和步骤 8 的部分
做连接修剪。

10

下一部分按同样
的方法进行修
剪。

11

到最后的部分均
按同样的方法进
行修剪。

12

设定顶部的修剪
线。

13

向前端修剪并与修剪线连接起来。

14

从耳点到头顶放射线区域要使头顶部和修剪线连接起来。

15

用和步骤 14 相同的方法往前面修剪。

16

往侧面修剪并使其同修剪线连接起来。

17

将前面的修剪线和后面连接起来进行修剪。

18

设定后面部分的修剪线。

19

将正中线进行垂直拉发片处理。

20

往前面进行的同时，按照步骤19的方法进行修剪。

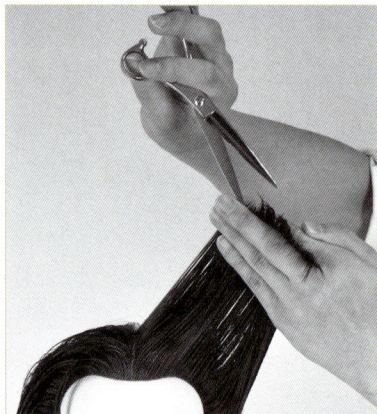

21

对侧面进行检查。

22

往头顶部提起发片，进行检查修剪。

23

采取水平方式进行检查修剪。

> **TIP**   **高层次修剪**
>
>   高层次修剪是赋予头发量感和流动感的好方式。另外，高层次修剪可以赋予头发动感，引起质感变化。特别是东方人头发具有直发较多，后头部扁平的特征。为了弥补这种缺陷，在很多发型中都会应用到高层次修剪。
>
>   高层次修剪与低层次修剪的不同点是，高层次修剪的特点是上面头发短，下面头发长。与此相反，低层次修剪的特点则是上面头发长，下面头发短。即如果说形成 45 度角进行修剪的重叠的头发向上成为一条线是低层次的话，形成 90 度的修剪，下面头发的长度比上面头发的长度短，并且错乱的交叠形成的线为分层。（修剪的断面成 90 度以上的话，段差形态就会趋向于统一。）

均等层次 – 变形（Uniform layer–Transform）

前面

后面

侧面

小高层次（Low layer）

侧面

前面

后面

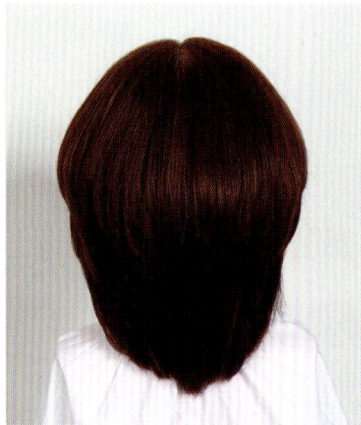

1

将头发竖直向上提拉，设定修剪线。

2

沿着头顶发束的修剪线向前方修剪。

3

按同样的方法对前方发束进行修剪。

4

头部侧面的第一部分头发，要沿着发际线，并根据头部曲面向前修剪。

5

第二部分的头发要沿着第一部分的修剪线向前方修剪。第三部分要尽量保持与头皮垂直的角度向前方修剪。

6

第三部分也要沿着第二部分的修剪线向着同一方向进行修剪。

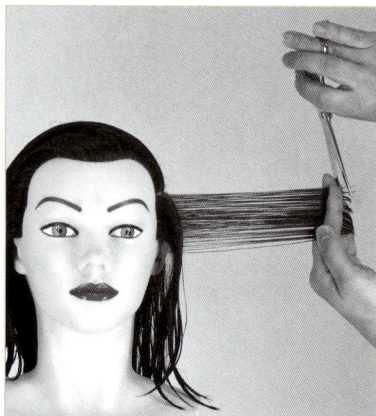

7

最后一部分要使头发尽量保持与头皮垂直的角度提拉发片进行修剪。

8

头后部的第一部分头发要与头顶部的修剪线相连接，进而向头后部延伸，并与头后部区域相连接。

9

用同样的方法从头顶部修剪线开始，进行放射线形式修剪。

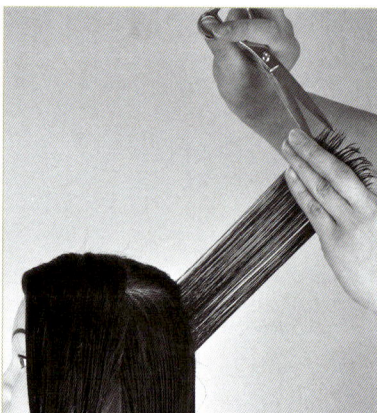

10

第二部分采用与第一部分相同的方法，进行放射线形式修剪。

11

随着头顶部的曲面，用同样的方法进行修剪。

12

第四部分也用同样的方法进行修剪。

13
第五部分，即最后一部分头发也采取相同的方法进行修剪，右侧也如此。

14
修剪完成后的发型。

小高层次 – 变形（Low layer-Transform）

侧面

前面

后面

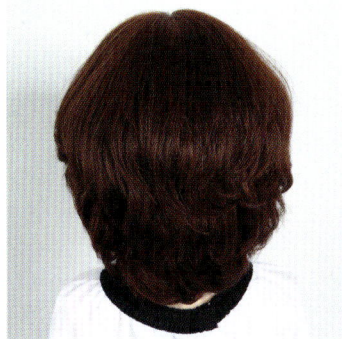

大高层次（High layer）

侧面

前面

后面

1
后面部分按照两耳间连线进行分区。

2
设定好修剪线，向前上方进行修剪。

3
第二部分也是按照第一部分的修剪线进行修剪。

4
第三部分按照同样的方法进行修剪。

5
侧面要与后面相连接，并向前方提拉发片进行修剪。

6
头顶部分的头发要全部梳理下来，与步骤1处的侧面发束相搭配，并进行修剪。

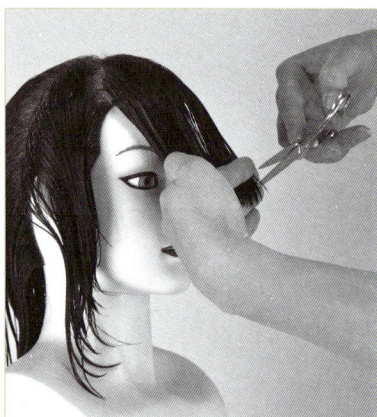

7
前发要在设定好
修剪线后才能进
行修剪。

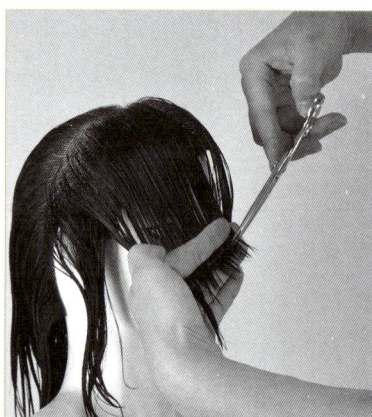

8
侧面的发束要与
前发相连接。

9
采取与步骤 8 相
同的方法进行修
剪。

10
后面的发束要用
垂直分配的方法
进行修剪。

11
采取与步骤 10 相
同的方法进行修
剪。

12
采取发射线形式
进行修剪。

13

用同样的方法对侧面进行修剪。

14

到脸部发际线为止的部分，要进行相同方法的修剪。

15

后部区域与颈区要连接起来修剪。

16

头顶部区域与黄金点区域要以放射线形式连接起来修剪。

17

采用与步骤16相同的方法进行修剪。

18

修剪的方向要与头发发散的方向相同。

19
黄金点部分要采
用打薄的方式，
进行横向修剪。

20
从中心点到耳点
的部分做横向修
剪。

21
完成后的发型。

TIP 高层次发型的优点

高层次发型的最大特点就是可以表现出头发的动感和量感，并使头发具有多种多样的风格。高层次修剪主要用于让头发具有量感，或者头发浓密的人想让头发看起来具有动感、更加轻盈，它具有突出质感及多种造型效果的特点。同时，高层次发型还可以自由地调节发型的长度。

根据切口角度的不同，可以分为以下几种类型：

- 基础层次（90 度）
- 小高层次（61~84 度）
- 大高层次（60 度以下）

  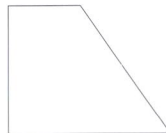

基础层次　　　　　　小高层次　　　　　　大高层次

大高层次 – 变形（High layer-Transform）

前面　　　　　　　　　　　　　　　　　　　　　　**侧面**

后面

第3部分

组合剪发

1. 连接小高层次（Connection low layer）

2. 连接大高层次（Connection high layer）

3. 不连接大高层次 _ 固定型（Disconnection high layer_Fix）

4. 不连接小高层次 _ 移动型（Disconnection low layer_Movement）

5. 不连接大高层次 _ 固定型（Disconnection high layer_Fix）

6. 不连接大高层次 _ 移动型（Disconnection high layer_Movement）

7. 低层次上与高层次连接 _ 垂直分区 + 偏移分配（Connection layer on graduation _Vertical section+Off the base）

8. 低层次上与高层次连接 _ 垂直部分 + 偏移分配（Connection layer on graduation _Vertical section+Off the base）

9. 高层次上与低层次不连接 _ 向前（Disconnection graduation on layer_Forward）

10. 高层次上与低层次不连接 _ 逆转（Disconnection graduation on layer_Reverse）

HAIR CUT DESIGN DRILL

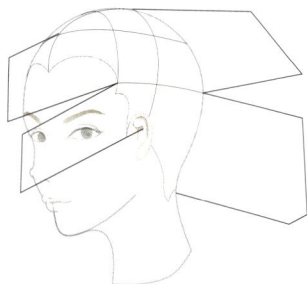

1. 连接小高层次
（Connection low layer）

侧面

前面

后面

1

拉取侧面发片，在轮廓线上，从颈背处到发束中间部位，将发梢稍微向前上方提起，然后进行高层次性修剪。

2

在脸部发际线处，水平向前提拉发片，然后做小高层次修剪。

3

侧面第二个分区也向着步骤 2 中的位置提拉并进行修剪。

4

下一个分区向侧面第一部分前方提拉，做小高层次修剪。

5

为了使头发看起来具有重量感，将从耳后点到颈背中心点区域向侧面第一部分前方提拉，做小高层次修剪，期间应注意不要修剪轮廓线。

6

为了能去除颈背中心点位置头发的重量感，要将头发垂直提拉，做小高层次修剪。

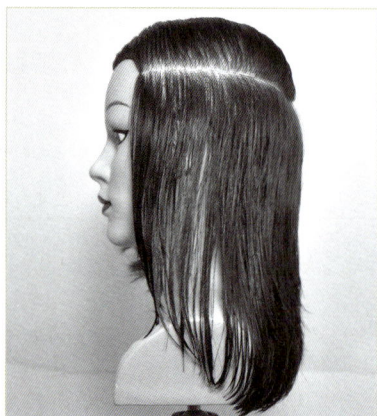

7

头下部区域的脸部发际线处，由于偏移拉发片的效果，轮廓线显得很清晰。

8

将头上部区域分为上下两层，然后将头顶发髻部分分为两块，从而确定高层次的修剪线。脸部发际线处，将头发水平向前提拉，并与头下部区域相连接，然后用小高层次法修剪。

9

下一分区用与步骤8相同的方法进行修剪，然后将头上部区域中的侧面第一部分向前方提拉，用小高层次法修剪。

10

三角形划取前发。头顶部分的发片向前方提拉，使其与头上部区域相连，然后用小高层次法修剪。此区域其他发片均同样操作。

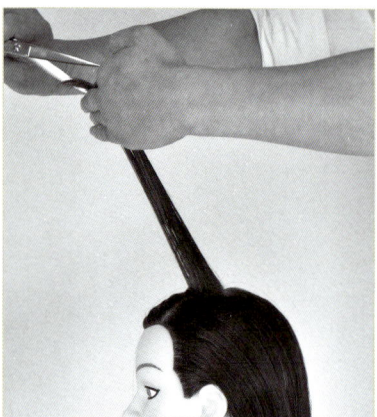

11

头顶最后的部分，要向上提拉，去除其棱角。

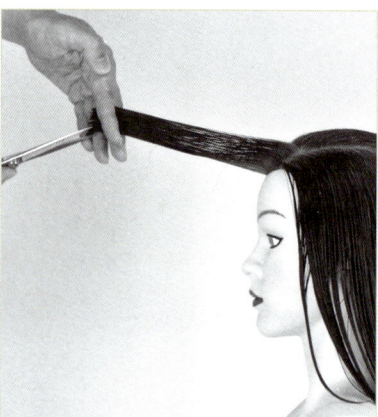

12

将前发分成上下两部分，然后将下面部分的修剪线设定成正中线，最后将这一部分的头发向前提拉，用小高层次法修剪。

13

将前发全部拉到步骤 13 修剪的位置，用小高层次法修剪后，再与头上部区域相连接。

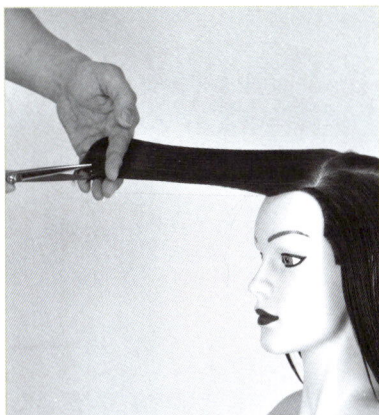

14

将前发的上端修剪后，稍微向上提拉，与头顶部相连，做小高层次修剪。

连接小高层次 – 变形
（Connection low layer–Transform）

前面

侧面

后面

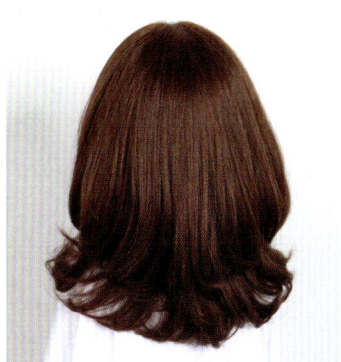

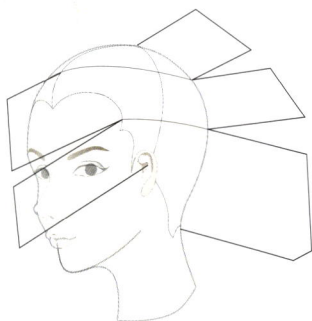

2. 连接大高层次
（Connection high layer）

前面

后面

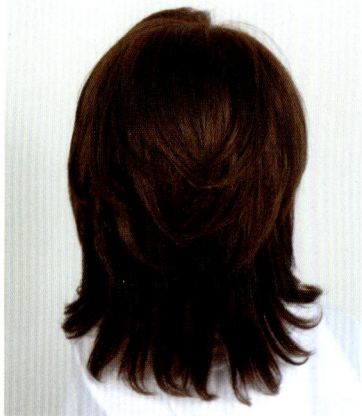

侧面

1

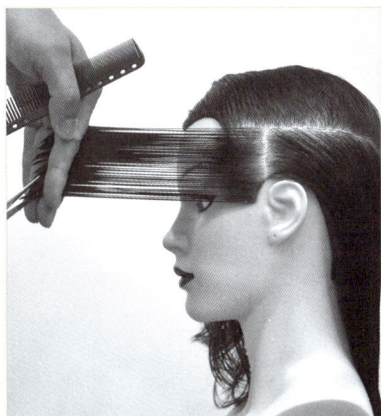

将从颈点到中等长度的轮廓线的头发向前方提拉并进行修剪。将脸部发际线部分的头发水平向前方提拉，做小高层次修剪。

2

从侧面第二部分开始一直到耳点部位，都要像侧面第一部分一样向前方提拉，做小高层次修剪。

3

从耳后点起，一直到正中线前分区的头发，要向侧面第一部分前方提拉，做小高层次修剪。注意，期间尽量不要修剪轮廓线处的头发。

4

将正中线处的头发采用小高层次修剪法进行垂直分配修剪，以便去除其头发的量感。

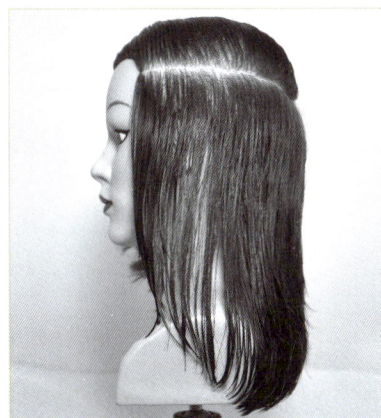

5

头下部区域修剪完成。

6

首先将头上部区域分为两部分，然后将脸部发际线分区的头发水平向前提拉，与下部区域相连接，做大高层次修剪。

7

下一个分区的头发也要向侧面第一部分前方提拉，做小高层次修剪。一直到耳后点部分，都要采取相同的方法修剪。

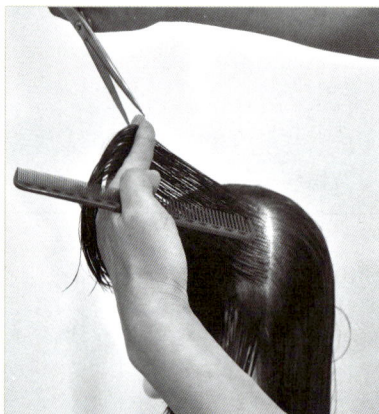

8

从耳后点起，包括后面的侧面第一部分，一直到正中线前分区为止，都要采取相同的方法进行修剪，即向侧面第一部分前方提拉，做小高层次修剪。

9

将正中线处的头发采用小高层次修剪法进行垂直分配，以便能够去除其头发重量感。

10

将头顶部和脸部发际线分区的头发向前方提拉，以便能够与下面部分相连接，然后做小高层次修剪。

11

下一个分区也要向侧面第一部分前方提拉，然后做小高层次修剪。一直到两耳间的顶点位置，都要采取相同的方法修剪。

12

为了能够去除正中线的头发重量感，要将头发垂直向上提拉，做小高层次修剪。

13

三角形划取前发，向右侧提拉，剪成有层次的发型。左侧的发片要修剪成为一种长轮廓线的形状

14

将左侧头发向右侧方向、右侧头发向左侧方向，并且两者都要向侧面第一部分前方提拉，沿着与分区线平行的方向进行修剪。

连接大高层次 – 变形
（Connection high layer–Transform）

前面

侧面

后面

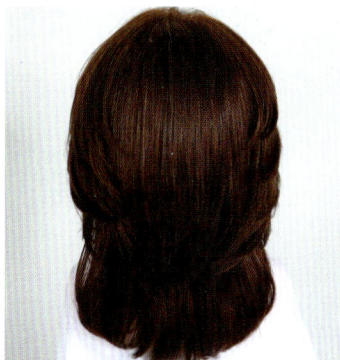

3. 不连接大高层次 _ 固定型
（Disconnection high layer_Fix）

侧面

前面

后面

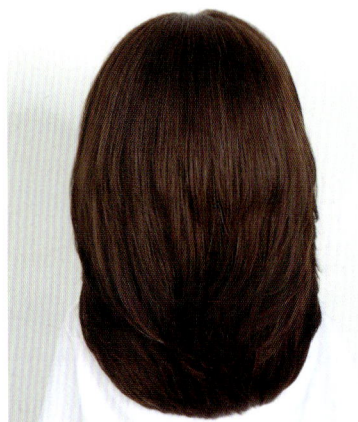

1

将轮廓线区域的一束发片，以小高层次的形态在颈背点位置略微向上提拉并修剪。侧面第一个分区的头发水平向前提拉，做小高层次修剪。

2

将脸部发际线区域的头发向前提拉，做小高层次修剪。一直到耳点位置，都要与步骤 1 相同，向相同的方向拉发片，这样就可以突显出轮廓线的棱角。

3

耳点后的分区要采用小高层次修剪法将头发剪短，并设定出新的修剪线。在减少耳后量感的同时，也要将后部头发打薄。为了能够减少头发重量感，从后面的分区开始，就不需要修剪轮廓线了。

4

耳朵上面和后面的层次是分开的，不是连接在一起的。

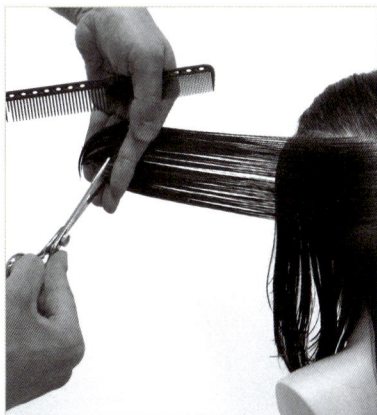

5

按照步骤 3 设定的修剪线，将正中线前分区的发片向侧面第一部分前方提拉，做小高层次修剪。

6

为了减少正中线区域的量感，要将头发垂直提拉，做小高层次修剪。

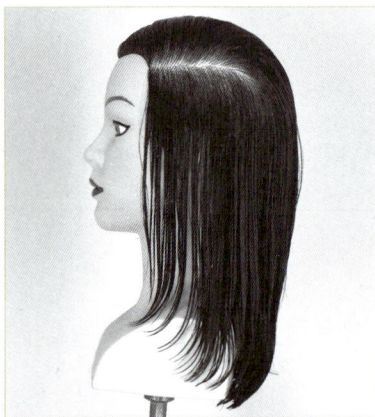

7

左侧修剪完成。脸部发际线区域的头发因为拉扯的力度过大，显得轮廓线比较分明。因为耳部上方和后方的区域不连接在一起，所以减少了后面头发的量感。

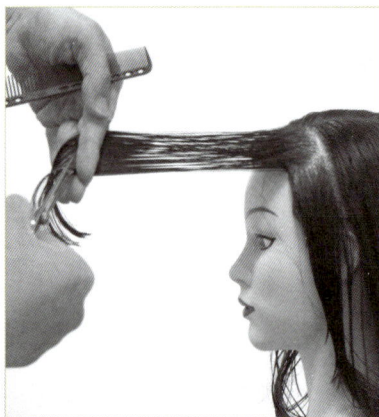

8

将头上部分区首先分为两部分，然后在上面部分中设定高层次修剪线。将脸部发际线区域的发片向前上方提拉，做小高层次修剪。

9

头上部区域和下部区域的断层是不连接在一起的，所以就减少了头顶部分的量感，同时也在后方产生了断层的效果。下一分区以及再下一分区要向步骤8的方向提拉，做小高层次修剪。

10

之后，每个分区都要向前方提拉，做小高层次修剪。同时将头发垂直提拉，做小高层次修剪，以减少正中线区域的量感。

11

首先三角形划取前发，然后将前顶部和头顶部的发片相连接，并向上提拉，做小高层次修剪。头顶部分的所有分区都要向侧面第一部分前方提拉，做小高层次修剪。最后将顶部的棱角修剪掉。

12

首先将前发分为上下两部分，然后在下面部分的正中线上设定修剪线。将侧面头发都向着正中线方向提拉，采用短圆高层次法修剪。

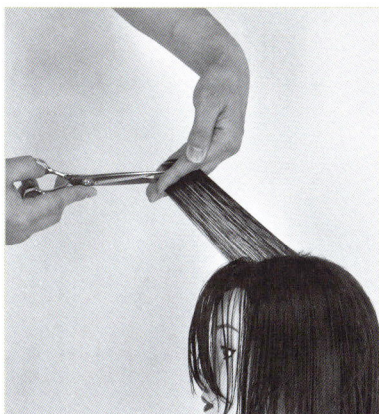

13

对前发的上面部分进行修剪，使其与下面相连接，采用高层次法修剪。

14

前发和顶部产生断层的状态。

不连接小高层次 _ 固定型 – 变形
（Disconnection low layer_Fix–Transform）

前面

侧面

后面

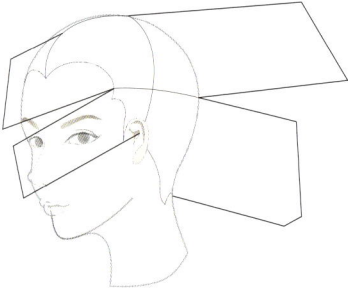

4. 不连接小高层次 _ 移动型 （Disconnection low layer_Movement）

侧面

前面

后面

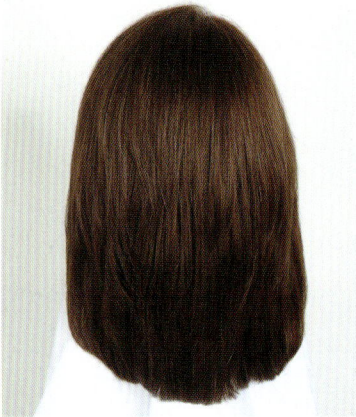

1

拉取侧面发片，从颈背处到发束中间部位，将发梢稍微向前上方提起，然后进行小高层次性修剪。侧面第一个分区的头发要水平向前提拉，做小高层次修剪。

2

将脸部发际线区域的头发水平向前提拉，做小高层次修剪。

3

为了修剪出轮廓线的角度，下一分区的脸部发际线处的头发要向与步骤 2 相同的位置拉发片修剪。之后，一直到耳点前的分区，都需向前方拉发片，用小高层次法修剪。

4

为了能够去除头发重量，从耳点后的分区开始就不需要对轮廓线修剪了。一直到正中线位置，都需要将头发向侧面第一部分前方提拉，用小高层次法修剪。

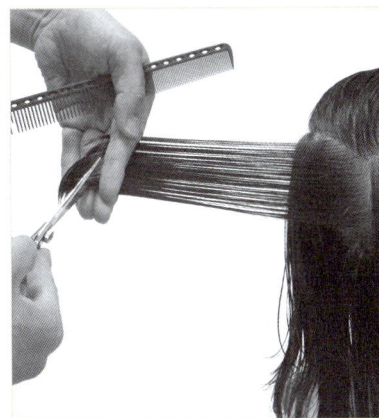

5

用同样的方法，做小高层次修剪。

6

为了去除后面头发产生的重量感，需要将头发向前方提拉，在正中线的上方设定新的修剪线。将头发垂直分配，做小高层次修剪。

119

7

头右侧下部区域修剪完成。

8

头部上面区域首先分为上下两部分，然后在上面部分中设定层次修剪线。将脸部发际线区域水平向前方拉发片，做小高层次修剪。

9

头上部区域和下部区域的切口断层是不连接在一起的，所以就减少了头顶部分的量感，同时后方也产生了断层。

10

下一分区要向着步骤8的方向提拉，做小高层次修剪。之后，每个分区都要向前方拉发片，做小高层次修剪。

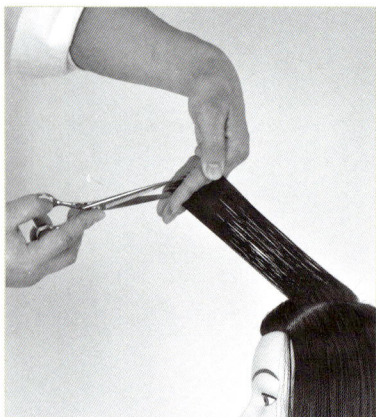

11

首先三角形划取前发，然后将前额顶部和头顶部互相连接，并向上提拉，做小高层次修剪。头顶部分的所有分区都要向侧面第一部分前方提拉，做小高层次修剪。

12

在正中线上设定新的修剪线路，以便能够减少后方头发的重量感。然后垂直分配，做小高层次修剪。

13

首先将前发分成上下两部分，然后将下面部分的修剪线设定在正中线之上，然后将这个分区的头发水平向前提拉，做小高层次修剪。下一分区也向相同的位置提拉，做小高层次修剪。最后使其与头上部区域相连接。

14

首先对前发的上面部分进行修剪，然后稍微将其向前方抓起，使其与头顶相连接，并采用低层次法修剪。

不连接小高层次 _ 移动型 – 变形
（Disconnection low layer_Movement–Transform）

前面

侧面

后面

5. 不连接大高层次 _ 固定型
（Disconnection high layer_Fix）

侧面

前面

后面

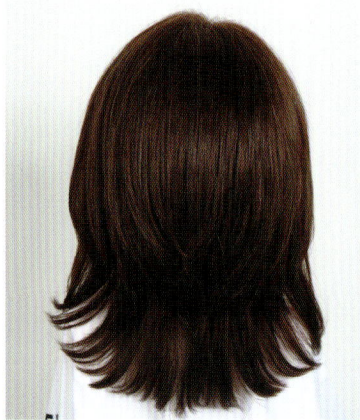

1

将从颈点到中间点的轮廓线部位的发束，向前方平行提拉并进行修剪。将脸部发际线区域的头发水平向前方提拉，采用大高层次法修剪。

2

一直到耳顶点连线位置，将头发向步骤 1 的位置提拉，做小高层次修剪。

3

从耳顶点连线开始的第一个分区要向侧面第一部分的前方提拉，做小高层次修剪。

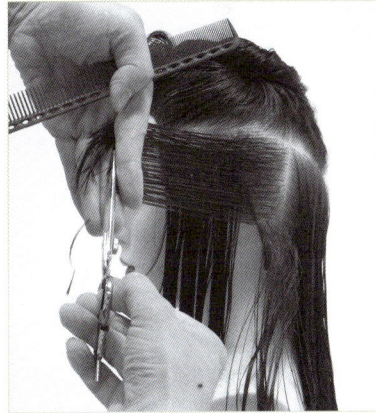

4

从耳后点起，一直到头后部正中线前分区的头发要向侧面第一部分前方位置提拉，做小高层次修剪。注意，期间尽量不要修剪轮廓线处的头发。在留下轮廓线长度的同时，也使头发看起来有飘逸感。

5

将头发水平向后提拉，做小高层次修剪，以便能够去除正中线区域的头发重量感。

6

左侧后部区域修剪完成。

7

首先，三角形划取前发，然后将头上部区域分为上下两个分区进行修剪。将脸部发际线分区一直到耳顶点连线位置，都要向前方拉发片，然后做小高层次修剪。

8

从耳线位置开始，都要向侧面第一部分位置提拉，做小高层次修剪。

9

将正中线处的头发采用小高层次修剪法进行垂直分配修剪，以便能够去除其头发重量感。

10

头顶部分也要统一向前方提拉，做小高层次修剪。

11

从耳点连线处开始，所有的区域都要向步骤10的位置提拉，并统一做小高层次修剪。

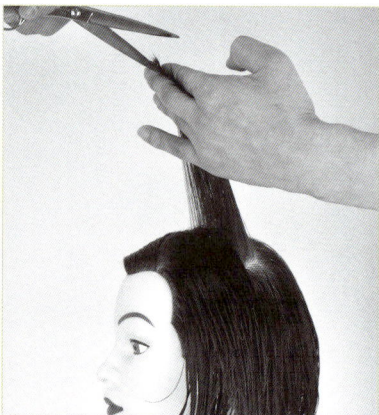

12

从耳点连线位置开始到正中线位置，均向侧面第一部分的位置拉发片，采用同样的方法进行修剪。

13

将正中线区域的头发垂直向上提拉，做小高层次修剪，并减少其头发重量感。

14

将前发的长度设定为到眼睛的位置，然后将上面的头发采用垂直分配的方法进行修剪。

不连接大高层次 _ 固定型 – 变形（Disconnection high layer_Fix–Transform）

前面

侧面

后面

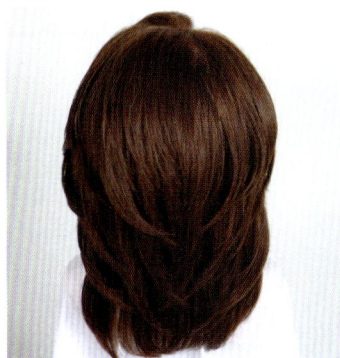

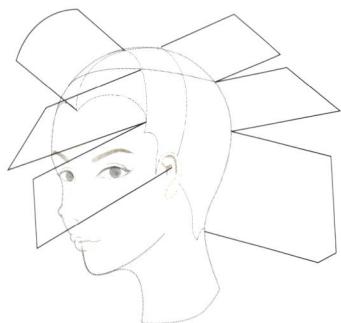

6. 不连接大高层次 _ 移动型
（Disconnection high layer_Movement）

侧面

前面

后面

1

将从颈点到中间长度点的轮廓线部位的发束，向前方平行提拉并进行修剪。将脸部发际线部分的头发水平向前方提拉，采用大高层次法进行修剪。一直到耳线处，都要采取相同的方法修剪。

2

从两耳间区域开始，后面的侧面第一部分向前方提拉，做小高层次修剪。

3

从耳后点开始，注意不要修剪轮廓线，同时，由于耳后点区域很容易产生头发的重量感，所以要将此区域的头发垂直提拉，做小高层次修剪。

4

下一分区要向侧面第一部分前方提拉，采用同样的小高层次法修剪，一直修剪到正中线区域为止。

5

后方中心的区域会产生头发的重量感。为了能够减少头发的重量感，需将正中线区域的头发进行垂直拉发片，然后进行修剪。

6

头下部区域修剪完成。

127

7

首先将头上部区域分为上下两部分，然后将脸部发际线分区的头发向前提拉，做小高层次修剪。

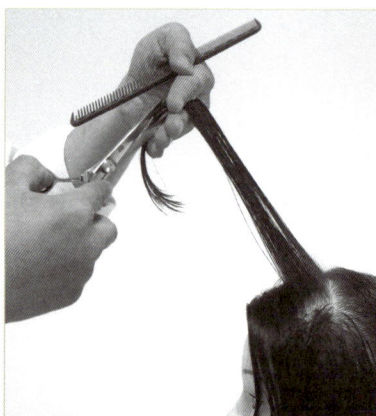

8

从下一个分区开始到正中线位置的所有发束都要向第一部分前方拉起，并进行小高层次的修剪。

9

由于全部向前方拉起的原因，以后部为中心的区域的头发，多少会产生重量感。为了减少重量感，需在头后部正中央区域采取垂直拉发片的修剪手法。

10

将脸部发际线区域的头发向前方提拉，做小高层次修剪。

11

下一区域向侧面第一部分前方提拉，采取与分区平行的方向修剪。一直到耳线位置都要采用相同的方法。

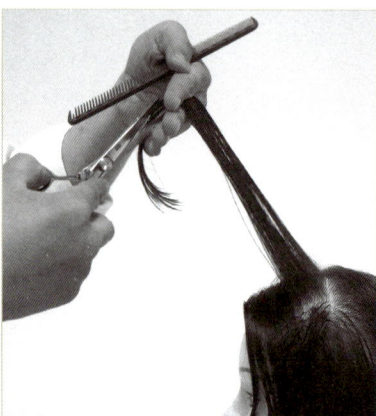

12

前顶部直到耳线处，都要向前方拉发片，进行平行修剪。直到正中线为止，都要采用相同的手法修剪。

13

为了能够减少正中线区域头发的重量感，并使其与下方区域相连接，需要采用垂直分配的手法提拉发片，然后做小高层次修剪。

14

首先三角形划取前发，尽量使头发垂在左侧，然后将其向右侧聚拢，用高层次修剪法修剪轮廓线。采用左侧头发向右侧、右侧头发向左侧聚拢的方式，每个分区都需向前方提拉，并沿着与分区相平行的修剪线进行修剪。

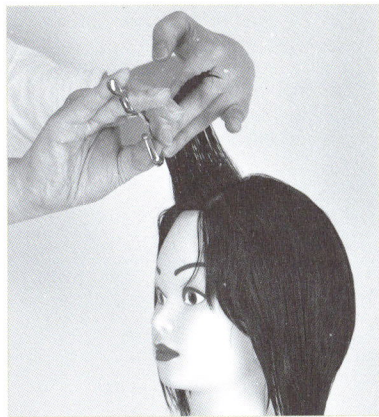

不连接大高层次 _ 移动型 – 变形
（Disconnection high layer_Movement-Transform）

前面

侧面

后面

7. 低层次上与高层次连接 _ 垂直分区 + 偏移分配
（Connection layer on graduation_ Vertical section+Off the base）

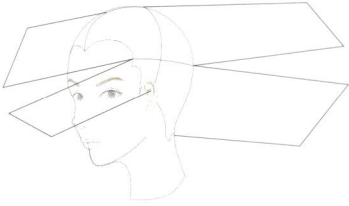

侧面

前面

后面

1

首先头下部区域分为上下两部分，然后拉取发片做高层次修剪，设定为向前斜上区的轮廓线。

2

头下部区域修剪完成图。

3

头上部区域要与步骤1修剪方式相吻合，拉取发片做高层次修剪。为了使其能够具有重量感，发尾要剪齐。

4

将头上部区域分为上下两部分后，在头顶部位设定修剪线。将脸部发际线区域的头发向前提拉，使其与下部区域相连接，并做小高层次修剪。

5

一直到耳点区域位置，都要向步骤4的位置提拉发片进行修剪。

6

从下一分区开始，每个分区都需向前提拉发片，做小高层次修剪。

7

为了能够去除正中线区域的重量感，需采用垂直分配的方法提拉发片，并采用小高层次法修剪。

8

前顶部分发片要与头顶部分发片相连接，并将发片向上提拉，做小高层次修剪。

9

一直到耳点区域位置，都要向步骤 8 的位置提拉发片进行修剪。

10

从耳点开始，就要将发束向侧面第一部分前方提拉，逐渐向后方修剪。对正中线区域进行精准的垂直分配，并做小高层次修剪。

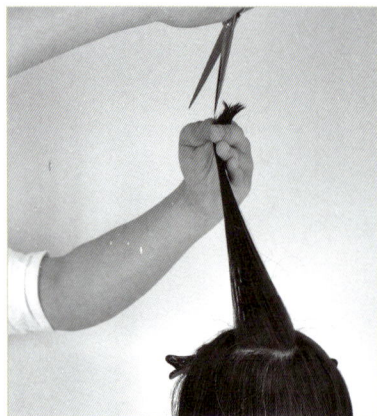

11

最后，将头顶发束向上提拉，去除其棱角。

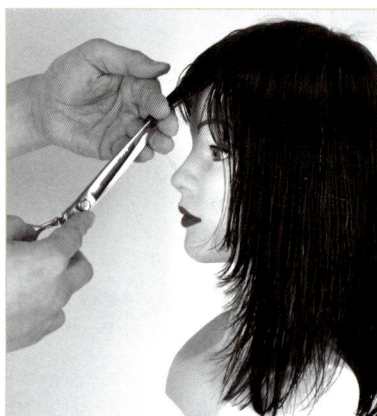

12

首先将前发分为上下两部分，然后对下面部分进行修剪，在正中线上设定简短修剪线，做小高层次修剪。

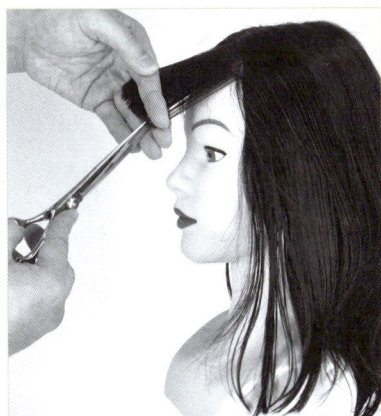

13
将前发的外侧稍微向中心处提拉，采用平行分区中的低层次手法进行修剪。

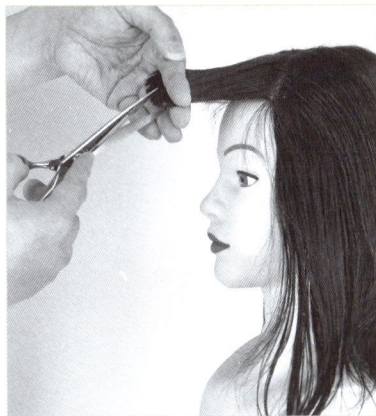

14
头顶部分的发束按照步骤13设定的修剪线，稍微向上拉起，并做小高层次修剪。为了能够使头顶发束具有重量感和简练精神的感觉，要将其剪齐。

低层次上与高层次连接 – 变形
（Connection layer on graduation–Transform）

前面

侧面

后面

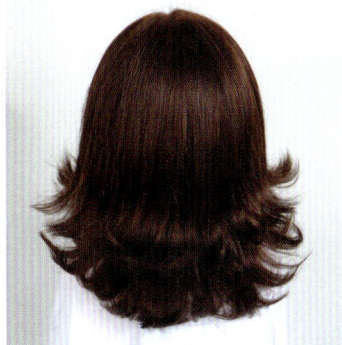

8. 低层次上与高层次连接 _ 垂直部分 + 偏移分配
（Connection layer on graduation _Vertical section+Off the base）

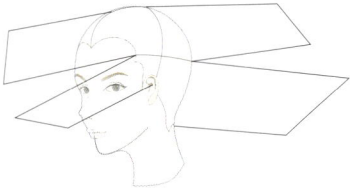

侧面

前面

后面

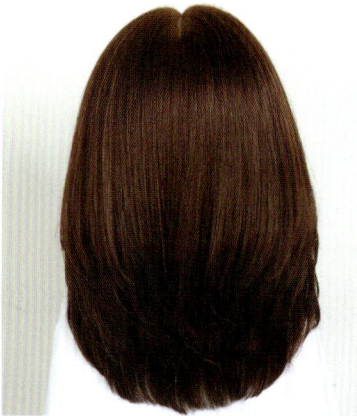

1

对头下部区域进行修剪后，拉取一束发片，采用高层次法修剪成略微向前上方倾斜的轮廓线。

2

将脸部发际线分区至耳上部分区水平向前提拉发片，并修剪成低层次发型。

3

为了将正中线分区头发的重量感去掉，需要将此区域的头发进行垂直分配，并修剪成小低层次的发型。

4

头下部区域修剪完成。

5

将头上部区域分为上下两部分，然后将上面的脸部发际线的层次沿着修剪线稍微向前方提拉，使其与下面部分相连接，做小高层次修剪。

6

从下一分区开始到正中线前的发束要向第一部分前方提拉，做小高层次修剪。

7

为了能够去除正中线区域头发的重量感，需要对头发垂直分配，做小高层次修剪。

8

首先三角形划取前发，然后使前顶部与头顶部分相连接，并将上部的头发向上提拉，做小高层次修剪。

9

与头顶部分一样，所有的分区统一向第一部分前方提拉，做小高层次修剪。

10

为了去除上部和头顶部头发的重量感，需要将正中线分区的头发垂直提拉，做小高层次修剪。

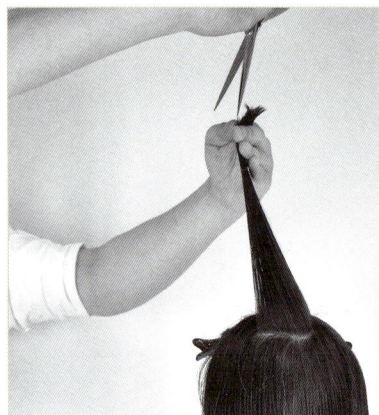

11

将头顶区域的头发向上提拉，修剪掉棱角。

12

首先将前发分成两部分，在下面正中线上设定修剪线。然后将此区域的头发水平提拉，做小高层次修剪。

13
将前发的外侧向步骤 13 的位置提拉，做小高层次修剪。

14
修剪前发的上面部分。以步骤 12 为指导，将其略微向上提拉，做小高层次修剪。

低层次上与高层次连接 – 变形
（Connection layer on graduation–Transform）

前面

侧面

后面

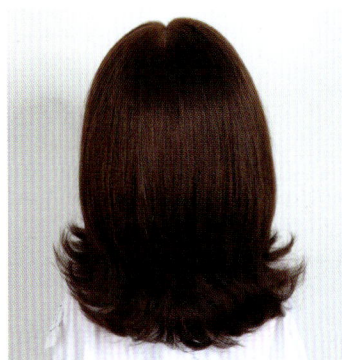

137

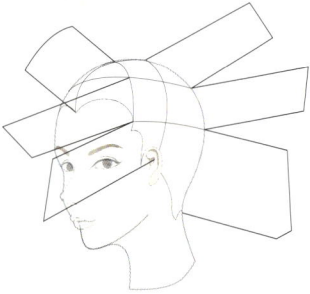

9. 高层次上与低层次不连接 _ 向前
(Disconnection graduation on layer_Forward)

侧面

前面

后面

1

将从颈部点到中间长度点的轮廓线部位头发，水平向前拉起并进行修剪。将脸部发际线部分的头发水平向前方提拉，做高层次修剪。

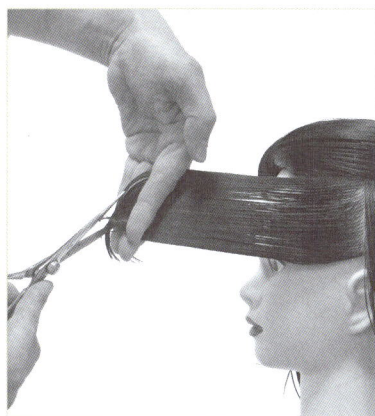

2

耳点前的所有分区都要向步骤 1 的位置提拉，并统一做小高层次修剪。

3

从耳点至后方的第一部分开始都要将头发向侧面第一部分前方提拉，并做小高层次修剪。

4

从下一耳后分区开始，要将形态设定为新的修剪线。这样的话就产生了轮廓线。采用垂直分配的方法对头发进行小高层次处理。

5

因为新的修剪线设置得很短，所以与前面的层次没有连接起来，耳后的层次就显得比较深。

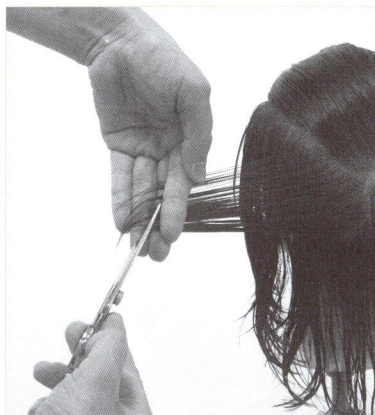

6

下一分区向着侧面第一部分前方提拉，做小高层次修剪。一直到正中线区域为止都要采用相同的方法进行修剪。

7

作为中心区域的后面部分，多少会残留下重量感。为了去除这部分重量感，需要对正中线部分垂直分配进行修剪。

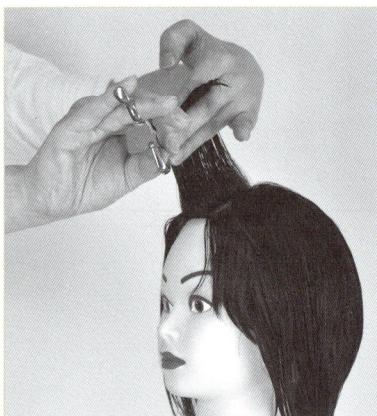

8

首先三角形划取前发，并将眉毛上方位置设定一条轮廓线。然后将前发向上提拉，进行高层次修剪。

9

将头上部区域分为上下两部分修剪。然后将头顶部的脸部发际线向前提拉，做小低层次修剪。

10

下一分区向第一部分前方提拉，修剪为小低层次发型。到耳点区域为止都使用同样的方法进行修剪。

11

为了去除后面的量感，从耳点区域开始，至后面区域都采用垂直分配的方法，将头发垂直提拉，做小低层次修剪。

12

如果要将头顶的头发修剪为小低层次发型的话，就会产生很大的重量感，所以需要将脸部发际线区域的头发向前方提拉，并沿着与脸部发际线平行的方向修剪。

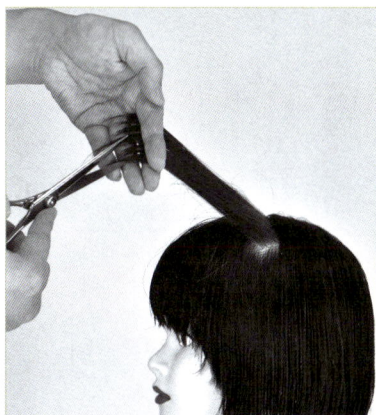

13

下一分区要向第一部分前方提拉，并沿着与分区线平行的方向修剪。到耳线处为止都采用相同的方法进行修剪。

14

从耳点开始的后面部分，都采取垂直分配的方法向上提拉发片进行修剪，使其与下面的部分相连接。到正中线为止，都采用相同的方法进行修剪。

高层次上与低层次不连接 _ 向前 – 变形
(Disconnection graduation on layer_Forward–Transform)

前面

侧面

后面

10. 高层次上与低层次不连接 _ 逆转
（Disconnection graduation on layer_Reverse）

侧面

前面

后面

1

将轮廓线处头发平行修剪为中等长度。脸部发际线水平提拉发片做小高层次修剪。

2

耳点前的分区都向步骤1的位置提拉发片，统一做小高层次修剪。

3

从耳点区域至后面的每个分区都向侧面第一部分的前方位置提拉发片，做小高层次修剪。

4

从下个耳后分区到正中线为止，每个分区都向前方提拉发片做小高层次修剪。注意，期间尽量不要修剪轮廓线。

5

以后部为中心的区域会留下重量感。为了去除这些重量感，需对正中线分区垂直拉发片进行修剪。

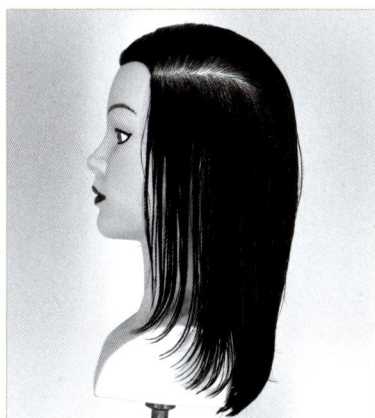

6

头下部区域修剪完成。

7

将头上部区域分为上下两部分，为了做出向前斜上造型，需从后面开始进行修剪。在头顶部位，对正中线区域进行垂直分配，做高层次修剪。

8

从下一分区开始，要向分区的后方提拉发片进行修剪。

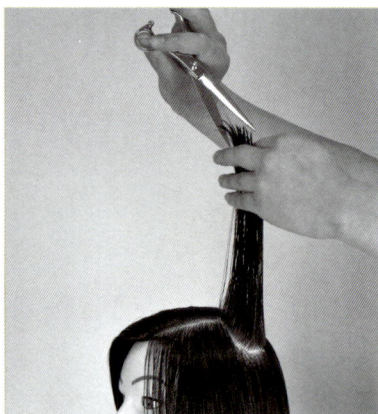

9

到耳点区域为止，需要用相同的方法进行修剪。

10

头顶部位也需要从后面开始修剪。如果对头顶部分也进行小低层次修剪的话，会积累过多的重量感，所以，需对正中线区域垂直提拉发片做小高层次修剪。

11

从下一分区开始，要向分区的后方提拉发片进行修剪。

12

到耳后点为止，都需采用相同的方法进行修剪。这种修剪方式需要持续到脸部发际线位置。

13

由于每个分区都向后提拉发片进行修剪，所以以前面为中心的区域，就会或多或少残留下发长和发量。要想去除重量感，就需要进行基准变形。

14

将头发拉向步骤 13 基准变形的位置进行修剪。

高层次上与低层次不连接 _ 逆转 – 变形
（Disconnection graduation on layer_Reverse–Transform）

前面

侧面

后面

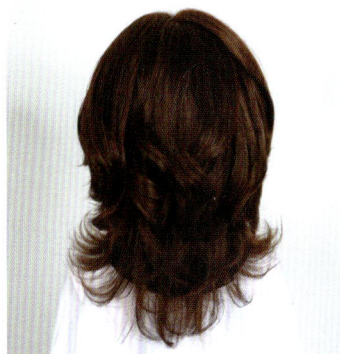

附录

剪发术语说明

HAIR CUT DESIGN DRILL

头部的线与点

中心线 （Center line）
以鼻子为中心，将头部分为左右两部分的线。

（竖）耳线 （Ear to ear line）
经过头顶点，连接两耳点的线，也叫侧中线。

耳水平线 （Ear point line）
水平连接两耳点的线。

侧线 （Side point line）
水平连接眼角到侧中线的线。

脸部发际线 （Face line）
指在脸部的头发的发际边线，即脸部与头发区域的界线。

颈区发际线 （Nape back line）
颈部头发的发际连线。

颈侧线 （Nape side line）
连接耳点和颈点的连线。

枕骨 （Occipital bone）
头后部中心凸出来的骨头。

黄金点 （Golden point）
下颌前端与耳点（耳朵最高处）的连线与中心线的交叉点。

修剪名称

分区（Blocking）
为了使剪发能够更加快速方便，将头部分为几大区域。

区域（Section）
为便于修剪而进行分区。

分发片（Slice）
根据不同修剪技法的要求从较大部分头发中取出较薄的一部分头发。

发束（Pannel）
为了修剪，拉取出一定量的呈四角形的一束毛发。

择发技巧（Shapping）
提拉发束，使头发均匀且充满弹性，同时可以使头发两面得到准确的梳理。

基准线（Base line）
开始修剪时，最初修剪的发束所遵循的修剪线，也被称为指导线或设计线。

横向分片（Horizontal）
与地面平行提取发片，也叫水平分片。

纵向分片（Vertical）
与地面垂直提取发片。

内轮廓 （Internal shape）

指的是外围或基准线的内侧部分。

凹形分区 （Concave part）

与头顶形状相反，凹进的曲线，可以起到减弱量感效果的作用。

凸形分区 （Convex part）

与凹形分区形状相反的分区。

C 形扭剪 （C–curveture）

采用 C 字形修剪的技法。

发型设计术语

质感（Texture）
指的是头发整体的表现，也叫作纹理。举个例子来说，齐长 BOB 发型要想表现出头发柔软质感的话，拉揉法就可以看作是不规则质感的表现手段。

量感（Volume）
头发的重量或发量。

不对称的（Asymmetric）
左右头发长度不均衡的状态。

对称的（Symmetric）
左右头发长度均衡的状态。

断剪（Block cut）
用剪刀对提拉的发片进行直线修剪的时候，即平剪时所形成的毛发切口的断面，与用其他方法所修剪出的毛发切口断面相比，显得更加细腻。

方形低层次（Block graduation）
将要修剪的整个发束一下子全部拉起，以一定的角度层面对发束进行修剪，与其他的修剪方法相比，这种方法能够快速地形成发束层次。或者可以解释为将发片水平向后提拉并垂直修剪，所有发片在后部形成垂直切面。

自然提拉修剪（Natural inversion）
设定设计线后，把分区内所有头发拉到设计线处（中心）进行修剪的方法。

削发 (Taper cut)

是指用削刀或剪刀将发梢削尖，使头发减少发量、增加动感的手法的总称，目的是削薄头发，减少发量。

滑剪 (Slide cut)

是指剪刀在发束上边滑行边进行修剪的方法，可以调整毛发的长短，使其具备特有的质感。

点剪 (Point cut)

在整顿好的发梢部位，采用"Z"字形的方法进行修剪，可以减少发梢发量，增加动感。

块状修剪 (Brick cut)

块状修剪是增进头发质感的一种方法。用剪刀对堆积在一起的块状头发进行修剪，在将头发根部修剪出空来的同时，也能够使头发减少发量，具有轻盈感。

打薄削剪 (Thinning)

是对头发进行削剪打薄的一种技术，用打薄剪对头发进行削剪，目的是控制和调节发量。

分区

耳点到耳点（Ear to ear point）
从耳颈发际线（Hem Line）最高点开始，向颈背部方向开始向下的点。

重量点（Weight point）
厚重的发型当中最鼓胀的地方。

阶梯式修剪（Elevation）
从入剪的发束部分开始，水平向上慢慢进行修剪的方法。

重合点（Over point）
二分区线和中心线的交叉点。

垂直拉发片（On the base）
顺着发型，垂直向上拉起。

分发线（Slice line）
剪发时划取发片的线路。

二分区点（Two section point）
鬓角。

二分区线（Two section line）
头上部区域和头下部区域的分界线，由二分区点延长出来的水平线。

顶点（Top point）
耳点到耳点连线与中心线相交的点。

颈角（Nape corner）
颈后发际线两侧的棱角。

颈部发际线（Nape line）
指的是颈角之间的连线。

脸部发际线（Face line）
指的是脸部周边生长毛发的部位，即脸部与生长毛发根部的界线。

前额分区（Front section）
相当于脸部周边头发，修饰脸形时较为重要。可形成动感，如果剪出低层次就显得过于厚重。

耳颈发际线（Hem line）
连接耳点和颈角的发线。

中间点（Middle point）
为了将头下部区域进行二等分，两耳上部水平连线和中心线的交叉点。

莫希干指导线（Mohican guide）
中心线上的基准区域。

参考文献

[1] 지상기 [M]. HAIR CUT SCIENCE，고문사，1999.

[2] 사이리 [M]. SAILEE CUT. 도서출판사이리즘，2001.

[3] 高澤光彦 . シンプルカット [M].（株）髪書房，2008.

[4] 植村隆博 . デザインドリル [M].（株）新美容出版，2008.

[5] シンビヨウ [J].（株）新美容出版，1999—2010.

[6] トモトモ [J].（株）新美容出版，2001—2009.

[7] CHRISKI & DENNY YEOM[M]. VOLUME & TEXTURE. 예문사，2009.

[8] ヘア・スカルプ　チャーレディス（上下版篇）[M]. PIVOT POINT 日本版，1994.

[9] 井上和英 & 池北五津子 . ゾーン＆セクション　フォー　ウエーブ [M].（株）
新美容出版，2005.

[10]（주）커커 트랜드，2006—2011.

[11]（주）미창조 리안 트랜드，2010.

辽宁科学技术出版社 Meifa Tushu
美发图书

基础篇

初级美发培训教程 —— 剪发
初级美发培训教程 —— 烫发
初级美发培训教程 —— 染发
初级美发培训教程 —— 吹风造型
初级美发培训教程 —— 接待
专业吹风造型技术（配光盘）
染发基础教程（第二版）
跟韩国老师学剪发
韩式剪发与设计训练
韩式染发教程

提高篇

新娘造型设计与技法 —— 盘发篇
新娘造型设计与技法 —— 化妆篇
新娘造型设计与技法 —— 整体篇
魅力盘发设计与技法
魅力女性盘发
形象设计宝典 —— 脸形与发型设计
美发实用技术解析 —— 原型修剪
美发实用技术解析 —— 几何修剪
美发实用技术解析 —— 编发
日本烫发技术解析
烫发攻略
图解剪发技术（第二版）
日本固定分区剪发技术
成功染发实用手册 —— 从颜色来考虑
丝语1 适合脸形的修剪技法
丝语2 通向超人气发型师的金钥匙
丝语3 发型中的改良设计
丝语4 可爱发型新设计
丝语特辑 烫发解密

以上图书在当当、京东、亚马逊、淘宝等网上书店均有销售。

联系方式
投稿热线：024-23284063　QQ：542209824（添加时，请注明"读者"、"美发"等字样）　联系人：李丽梅
邮购热线：024-23284502　QQ：1173930104　联系人：何桂芬
http://www.lnkj.com.cn　QQ群：55406803